飞行的

梦想

FEIXINGDEMENGXIANG

孙炎辉 编著

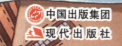
中国出版集团
现代出版社

目录

目录

● 飞行之梦

自由翱翔也许是很多人从小就有的梦想，人类没有飞行的能力，却未放弃飞行的梦想。在飞机发明之后，飞行的梦想似乎实现了。各种各样的飞机像鸟儿一样在空中翱翔。飞机到底是怎样飞起来的，为什么不会掉下来？什么样的飞机飞得快？飞机到底在多高的天空中飞行？乘坐飞机安全吗？就让我们带着疑问，走进飞行的世界。

飞行，是人类对自身和自然界的一个挑战，也是人类从有史以来就不断追求的一个夙愿。人类自古以来看鸟在天上飞、云在天上飘，星星、月亮高挂在天空中，日复一日地循环不已，观测分析天空的现象、憧憬"飞行"的梦想早已存在人类接触航空太空的历史文献了。早在

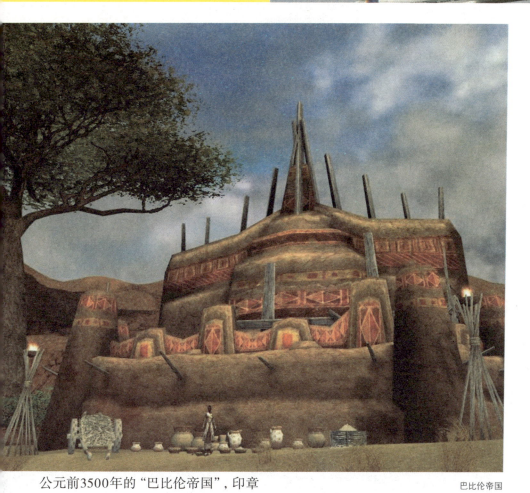

巴比伦帝国

公元前3500年的"巴比伦帝国",印章上面刻着一个牧羊人坐在天使的背上飞,这是虚构的呢,还是看到的呢?因此,在古代,人们向往神秘莫测的天际,却上天无路,只能寄托于神话般的幻想,人类征服天空的历史正是从神话传说开始的。

飞行的神话传说 >

古代人类在艰难的生活和生产中,与自然做斗争而产生飞行幻想。空中翱翔的鹰、扑翼飞行的鸟和蝴蝶,甚至天上飘浮的白云,都足以引起人们对飞行的向往,古代种种美丽的神话传说也就此产生。这些飞行神话传说不仅丰富了古代人类社会文化,也孕育了后代航空航天技术的萌芽。

在中国古代民间传说中,有许多能

在天地间飞来飞去的故事，如牛郎织女故事、七仙女下凡、嫦娥奔月等。

在古代关于舜帝的传说中，说到舜在受到其继母迫害，将被烧死在谷仓顶上时，得到了一件由天女赠送的鸟形彩纹披风，他利用这件披风滑翔而下，逃离了熊熊大火。这个故事被收入到许多外国文献中，认为这是人类第一次关于降落伞使用的想象。

《封神演义》里有雷震子，他肋下生翅，能在空中自由来去。这个故事反映出人们幻想升空的强烈愿望。

据传在公元9—23年的王莽时期，有一个人用鸟翎编成一对大翅膀，绑在身上，居然滑翔了数百步之远。这是人类最早实现人力飞行的记载。在《山海经》的记载中，有个羽民国的国民，身上生有翅膀，虽可以飞但飞不远；有个三苗国的国民，胳肢窝下也有翅膀但不能飞，还特别提到在北方有个奇肱国，其国民造飞车，可乘风远行。

在古希腊，在希腊众神居住的奥林帕斯山上，基督神址位于天国，也意味着某种人类对上天的崇拜。如有名的丘比特，一个有着翅膀，到处传播爱情的小天神。在西方的神话中最有名的飞行者，就

希腊众神居住的奥林帕斯山

是泰达路斯和他儿子伊卡鲁斯。他们父子俩被克里特王子囚禁在迷宫中，泰达路斯知道由陆路和水路绝对无法逃出，于是用腊制作了可以飞行的翅膀，父子俩便从天空中飞走，但是儿子因为太高兴而越飞越高，结果因为太靠近太阳而翅膀被熔化，结果坠海而死。在《圣经》里对耶和华乘坐的飞行器的详尽描写，还被以后一些学者看作外星人的飞船。在中世纪成书的北欧神话集《埃达》里，讲述了有个铁匠造了一套可以穿在身上的飞行翅膀，穿了这种飞行服后可以顶着

9

风升高，顺着风下降，反映了人们对鸟飞行的向往。

在阿拉伯有名的传说《一千零一夜》中，也有许多飞行的神话，其中有名的"飞毯"是对直升机飞行器的向往；至于"神灯"中的可飞行百里之远，实际上是人们对能在空中跨海越山运输飞机的渴望。

飞机的始祖——木鸢、风筝 〉

在人类早期研制和发明飞行器方面，中国是先行者，并在很长时期处于领先地位。人类最早制成的飞行器是木鸢。木鸢是受到鸟类飞行的启迪而用竹、木等材料制造出来的形似鸟类的飞行器，又称飞鹊。

中国最早制成木鸢的年代当在公元前400年以前。在中国出现的另一种古代飞行器是风筝。风筝可以说是木鸢的革新型飞行器。风筝的出现晚于木鸢200年左右。英国的航空权威性著作《航空发展史》（1972年）也确认风筝起源于中国。风z筝是中国劳动人民对人类实现飞行梦想的最杰出的贡献之一，它被传到西方后，许多航空先驱者就是从研究和试验风筝开始的。

据宋代高承编的《事物记原》一书的记载，汉初的大将韩信是风筝的发明者。当韩信把项羽围困在垓下以后，就做了一个很大的纸鸢，让身材轻巧的张良坐在其上，高唱楚歌，瓦解楚军军心。风筝是用纸做的。所以又叫纸鸢或纸鹞（迄今，民间把风筝称为纸鸢和纸鹞的地方还很多）。因为用纸做迎风面，不但质轻而且受风面大，所以风筝比木鸢可以飞得更远更高。纸是中国的四大发明之一，纸在汉代初期已出现，但韩信发明的风筝是否已经用上了纸，尚有待考证。

唐代之前，我国的风筝还都称为纸鸢，并都以丝、绸、竹为原料，由于那时都为军用，数量不多，价格也相对较高，所以没有被广泛流传。到了唐代，有人把竹笛系在风筝上，在空中能发出古筝的响声，称谓也开始变成"风筝"。到宋代，风筝开始在民间流行，材料也改用价格低廉的纸和竹了。

大约在公元5世纪，风筝流传至太平洋诸岛和阿拉伯；在14世纪以后风筝才传入欧洲。经过千百年的演进，风筝的魅力依旧。放风筝不仅是老幼皆爱的娱乐活动，而且成了一种竞技体育项目。风筝的式样越来越多，世界各地放风筝的人也越来越多了，风筝已热遍全球。中国风筝以其传统和创新相结合的多姿多彩一直畅销世界，风筝制作也已达到很高的水平，如造型多种多样，既有巨型的"龙"形风筝，又有微型的"蝶"形风筝，还有特种造型会发出光和声响的娱乐风筝等，观赏性极强。我国潍坊等地举办的风筝节更成为中外风筝爱好者的聚会、观摩场所。风筝已成为中国和世界各国增进友谊和了解的桥梁。这是风筝作为飞行器的前驱之外的又一大贡献。

FEIXINGDEMENGXIANG

风筝不仅有很好的军事用途和娱乐用途，它也是一种科学工具，风筝被传到西方后，它的滑翔原理成了飞机空气动力学的最有价值的飞行机理之一，就是从研究和试验风筝开始，悟出了飞机飞行的一些基本规则，最终成功地发明了飞机。美国著名的物理学家富兰克林在一个雷雨交加夏天，通过高放在空中的风筝将雷电引到他自制的充电器上，完成了震惊世界的"捕捉天电"的试验，并以此发明了至今还在为人类造福的避雷针。

现在，在一些国家的博物馆里，还展示有中国的风筝，英国的博物馆还把中国的风筝称为"中国的第五大发明"。

风筝在性质上是一种重于空气的飞行器。风筝产生升力的原理是：当迎面的风吹到倾斜的动力面上，产生一个向后、向上的空气动力，地面上的牵引克服一部分向后的阻力和一部分向上的升力，余下一部分向上的升力支持风筝的重量，使它上升，而余下的一部分拉力则使风筝向前飞翔。

风筝与人类飞行探索有着密切的关系，中国风筝具有良好的空气动力性能，它向人们证明，除像飞鸟、昆虫那种扑翼的方式以外，采用合理的拉力和升力分开的固定翼面，也可以实现飞行。

中国的筒形风筝发展为盒形风筝，成为双翼飞机的雏形。英籍美国人科迪模仿风筝的形状，制成英国第一架双翼飞机。沙雁风筝的翅膀已经采用了弧形剖面椭圆形翼尖和大约等于5的展弦比，从空气动力学的观点看这些都是性能较好的机翼所具有的特征。因此，我们也可以这么讲风筝是飞机的始祖。

莱特兄弟

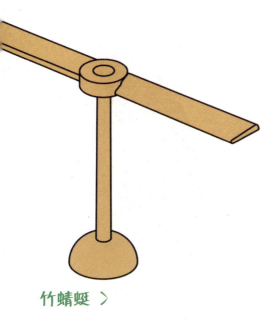

竹蜻蜓 〉

竹蜻蜓是中国古已有之并广泛流传至今的民间儿童玩具。其结构为：在一个两端削成相反斜角的薄竹片中央榫接一根竹或木制的立轴杆。玩时，使劲手搓轴杆，然后放手，竹蜻蜓就会升上天空。搓的劲越大，上升得越高。

究竟是谁发明了竹蜻蜓，已经很难找出证据。在中国晋朝，葛洪所著的《抱朴子》一书记述："或用枣心木为飞车，以牛革结环剑，以引其机。或存念作五蛇六龙三牛、交罡而乘之，上升四十里，名为太清。太清之中，其气甚罡，能胜人也。"竹蜻蜓的发明，证明了人类制造出不需自然风，而是只要旋转竹竿产生相对风速也可使物体飞行，这也说明了人类开始懂得使用风的力量。

相传竹蜻蜓是于明代时传至欧洲。马可·波罗在1298年因参加热那亚战争被俘，入狱期间口述其亲身经历，由其狱友记录成书，也就是《马可·波罗游记》。此书一出版便有人批评荒诞不经、妄想虚构。但是不可否认的是他对欧洲的影响是非常深远的，甚至也可能影响着后来达文西的直升机构想与莱特兄弟。在《科学月刊》注中提到西方首次记载竹蜻蜓是在公元1460年。所以根据历史明朝是在1368年建立，且当时中国和欧洲的往来推断，在明朝传至欧洲的确是很有可能的。

火箭 〉

风筝不仅是早期的重于空气的飞行器，而且为现代飞行器的诞生和发展，提供了许多空气动力学的经验和启迪。风筝的经验表明，扑翼飞行不可行，而固定翼升力方式却是一条正确的飞行途径。又一种飞行器是火箭。世界上最早的火箭也起源于中国。火箭的出现又晚于风筝。火箭和火箭的名称早在三国(220—280年) 时代已经出现，不过那时的火箭只是将引火物如草艾、带油脂的物质束于箭

首，以弓弩射出，称为弓弩火箭，尚无升空飞行的意义。现在，一般所说的火箭是指具有喷气推进作用的火箭，那要在火药发明以后才出现。火药是中国的四大发明之一，发明于东晋(317—420年)年代。火药发明以后，诞生了后喷式火箭，它是将火药筒缚于箭上，靠火药燃烧的气体后喷产生反作用力而推动火箭前进的，这是真正具有喷气推进作用的火箭。我国在 10—11 世纪发明后喷式火箭，并将它用在军事上。同时，中国又发明了用火药制成的烟火、炮仗(又称爆竹、鞭炮)，它是一种具有喷气作用的玩具，有很高的娱乐和观赏价值，多用于过节和喜庆活动时。世界上最早的多级火箭称为 "火龙"，出现在明代(1368—1644年)。其制作方法为：用 5 尺长的毛竹去节后两头分别装上龙头和龙尾；在龙头和龙尾两边各装火箭筒2个，龙腹(竹身)内又装火箭筒数个；龙头和龙尾的4个火箭筒的引信合在一起又与龙腹内的火箭筒引信连接；这样，就制成了一条火龙。发射时，点燃龙头和龙尾的4个火箭筒，推动火龙飞速前进。当龙头和龙尾的火箭筒快要燃烧完时，龙腹内的火箭筒被引燃，使火龙继续前进。这种火龙具有很强大的攻

14

击力量，多用于水战，因而称为"火龙出水"，是一种两级火箭。多发火箭最早也出现于中国，最多一次可同时发射100支火箭，威力可谓大矣。为了提高发射命中率，又创制了发射架；又为了增加作战的机动能力，把发射架安装在车上。到明代，我国已发展并完成了一整套由单级火箭、多发火箭、多级火箭、发射架等组成的古代火箭体系。历史上最早的载人火箭也出现在中国的明代。公元1500年前后，中国有一位军事家做了一个冒险试验，他在木椅后面装上47支火箭，自己坐在椅子上，两手各拿一只大风筝，企图凭借火箭的推进力量和风筝的上升力量而

达到空中飞行的目的。结果，轰然一声巨响，这位勇士顷刻之间化作万道金光，消失在烟雾之中而壮烈牺牲了。但这毕竟是人类历史上最早的一次火箭载人飞行试验，其人其事是值得后人敬仰，并且应该载入史册的。

中国古代的火箭和烟火的飞行和升空是利用火药燃烧的气体喷射而产生反作用力的原理而实现的，其基本原理与现代火箭相同，从而为现代火箭和现代喷气式飞机的出现提供了许多启迪和依据，其意义是十分巨大的。中国发明火箭在火箭发展史上和航空发展史上都占有重要地位。火箭从13—14世纪由中国传入阿拉伯和欧洲。

中国在航空、航天上的先驱作用和巨大贡献是世人公认的。在美国华盛顿的国家航空和空间博物馆里，有一个飞行器陈列馆，在该馆的说明牌上就醒目地写着："最早的飞行器是中国的风筝和火箭"。人们要在空中飞行的愿望是久已有之的。中国和外国的许多神话和传说中都有会在空中飞行的异人，你不要以为那只是一种美好的想象，实际上，在中国敢于去亲身体尝飞上天空的勇士早有人在。

孔明灯——热气球的鼻祖 >

孔明灯的升空原理与500年以后出现的热气球几乎完全一样，许多外国文献里认为中国是最早知道利用热空气获得升力原理的国家。

热气球是气球中最早出现的一种，它诞生在中国。在公汉(公元前206年—公元24年) 年间编写的《淮南万毕术》一书中记载道："艾火令鸡子飞。注: 取鸡子去其汁，燃艾火内空卵中，疾风因举之飞。"蛋壳充入热空气，可以飞上天空。这是世界上热气球升空的最早的文字记载。到公元 907—960 年的五代时期，有一个莘七娘随夫出征，用竹和纸做成一方形灯笼，底盘用松脂油点燃后，随着灯笼内空气变热，灯笼就可扶摇直上，这种灯当时被称作"七娘灯"。后来由于孔明对这种灯的军事应用很出名，为纪念他逐渐称之为"孔明灯"了。这一类原始的热气球在中国出现得很早，它在军事上一直被用为联络信号，在民间则用为娱乐工具。

● 航空先导

气球是轻于空气的飞行器，比重于空气的飞行器——飞机早100多年问世，在飞机之前成为人类征服天空的先导。

热气球飞行成功 >

在热气球方面取得突破性进展的是法国的蒙戈尔费埃兄弟。事情起始于1782年，聪明的约瑟夫·米歇尔从灯笼和厨房里的炊烟上升现象得到启迪，做了一个有趣的实验。他把一个丝质口袋倒置着，下面点燃纸片，使口袋中充满热空气，于是这只丝质口袋冉冉升起了。此后，他和弟弟又做了几次同样的试验。1782年12月25日，兄弟俩为人们公开表演他们的重大发现，他们把事先做成的一个大气球抬到室外，这个气球的球皮是用网纱的纸糊成的，直径12m，高17m，在球的下方开口处点燃麦秸，以充进热空气，于是这个大气球飞上了天空，引起了轰动。后来，世人公认这是近代热气球的首次成

功升空。

蒙戈尔费埃兄弟在热气球研究和放飞上取得越来越大的成绩，引起了社会和法皇路易十六的注意。1783年9月19日，获法皇恩准，让蒙戈尔费埃在凡尔赛宫广场做气球升空表演。这是一个12000m³的大型热气球，内装羊、公鸡和鸭各1只，在燃烧物产生的热空气注入后升上天空，高达518m，它在8分钟的时间内飘飞了3200m后降落在一片小树林中，3只小动物亦安然无恙。观看这场盛况的有法皇路易十六夫妇和3万多市民。为此，路易十六特赐蒙戈尔费埃兄弟圣弥勒勋章和400法郎年薪。同年11月21日，法国人德·罗齐埃和达尔朗德乘蒙戈尔费

埃兄弟制造的热气球飞上了巴黎上空，高达1000m，飘行25分钟，在距离起飞地约9000m处安全降落。这是人类首次成功地升空飞行。蒙戈尔费埃兄弟的成就引起欧洲各国的注意，推动了航空事业的发展。由于他俩的成就和贡献，约瑟夫·米歇尔被任命为法国科学院院士，雅克·艾蒂安被任命为国家研究院通信院士。

1908年，清政府军队虽然还在使用着长枪短矛，但在维新派推崇下，新军成立了三支气球队，这也许就是中国最原始的空军呢。10月，湖北第八镇气球队首次参加"太湖秋操"军事演习。

演习当天，秋高气爽，文武百官坐满了太湖附近的山丘，谁都想一饱眼福，看一看人是怎么飞上天的。因为操纵比较复杂，气球暂由日本教官操作。只见令旗一挥，日本人就忙开了，又是充气、又是放线。但不知何故，气球迟迟无法升空。后来，几经调试，气球终于冉冉升起。引来四下一片叫绝声……它成为中国最早使用飞行器的实例。

热气球环球飞行

1999年3月21日，被认为是人类航空史上最后一个伟大挑战的驾驶热气球环球飞行纪录，终于被一名英国人和一名瑞士人共同创下。51岁的英国人布莱恩在·琼斯和41岁的瑞士人伯特纳德·皮卡德驾驶英国制造的"布里特林轨道运行者3号"热气球，于3月1日从瑞士阿尔卑斯山区的一小村庄出发，20天中征服艰难险阻，向东连续不着陆飞行了约42197千米，终于抵达起始经线。

氢气球及其应用 〉

　　紧随着热气球研究的开展，氢气球的研究也取得了重大成果。最先实现氢气球载人飞行的是法国物理学家查理。1783年8月26日，查理将他制造的直径4m的氢气球升上了天空。同年12月1日，查理亲自乘坐一个直径8.6m的氢气球，从巴黎起飞，在2小时内飞行45km，实现了历史上氢气球的首次载人飞行。由于氢气比重小，它可以比热气球造得更大，飞得更远，载重更多，操纵更简便；因此，氢气球不久就替代了热气球。

　　氦气也是比空气比重小的气体，氢气易燃，不及氦气安全；所以，后来也常用氦气球进行升空飞行。到18世纪末，气球在安全和结构方面已比较完善，气球成了实现人类在天空飞行的第一种航空飞行器。气球可用来进行科学研究，如空中照相、地理勘察、气象研究等。气球在军事上也发挥过重要作用，被用来作为军事侦察、通信联络、甚至输送兵员的工具。1794年，法国率先成立了世界上第一支气球部队，它是航空兵的先驱。气球至今仍是受欢迎的儿童玩具和节庆用的娱乐用品，气球飞行还是一种体育运动。

　　气球虽然结构简单，但有重大缺陷，它会受风的摆布，很难按人的意志沿预定航线飞行，也无法控制飞行速度，所以在用途上受到了很大的限制。

飞艇的发明 〉

突破气球局限性的是飞艇。飞艇是在气球的基础上发展而成的。飞艇也是轻于空气的航空器，与气球相同处是一样有气囊和吊舱；不同的是飞艇装有发动机、空气螺旋桨，飞艇的外形做成流线型，设有舵面，可以控制飞行方向和速度。在结构形式上，气球都是软体的，而飞艇则分软式、半硬式和硬式3种。硬式飞艇的外壳是金属制造的。飞艇也是法国人首先研制出来的。1851年，法国人亨利·吉法尔制成世界上第一艘实用的飞艇，该艇长44m，直径11.9m，软式气囊容积 2100m³，装有可操纵飞行方向的三角形风帆，用功率为2.2kW 的蒸汽机带动一个直径为2.13m 的三叶螺旋桨产生前进的推力。1852年9月24日，吉法尔将氢气充入气囊，并驾驶这艘气艇，从巴黎郊外的跑马场起飞，以8km/h的速度飞行了约28km，首次实现了轻于空气的有动力的飞行器的载人飞行。

1898年，侨居法国的巴西飞行家桑托斯·杜蒙特首先把汽油机装到飞艇上。因为汽油机比蒸汽机轻得多，不但减轻了飞艇重量，而且改善了飞艇性能。桑托斯·杜蒙特一生建造10多艘飞艇，是一位颇有建树的飞艇制造家。

齐伯林飞艇 〉

　　飞艇虽然是法国人发明的，但使飞艇获得巨大进步并使之商业化的却是德国发明家齐伯林伯爵。1891年起，齐伯林就从事硬式飞艇的研制工作。1900年7月2日，齐伯林制造的"LZ –1号"硬式飞艇在腓特烈港首次飞行成功。该艇除1名驾

驶员外, 还可载5名乘客。该艇装2台16马力发动机, 速度达32km/h。此后, 齐伯林成立了制造硬式飞艇的公司, 使飞艇成为一种成批生产的商品。齐伯林飞艇的续航时间曾达到100小时, 并首创完成横越大西洋的飞行。第一次世界大战期间, 德国曾用齐伯林飞艇进行远程轰炸。第一次世界大战后, 齐伯林公司又建造了两艘巨型飞艇, "齐伯林伯爵"号和"兴登堡"号, 在欧洲到南美和美国的商业航线上飞行。1929年8月8日, 长236米的超级飞艇"齐伯林伯爵"号载客环球飞行, 开始了充满冒险和刺激的探险之旅。1937

年5月6日齐伯林从德国飞往美国时, 在美国新泽西州莱克赫斯特上空, 飞艇尾部突然起火, 迅速蔓延全艇, 36人遇难, 从此结束了飞艇的商业飞行。

到第二次世界大战期间, 齐伯林飞艇工厂被盟军炸毁后, 飞艇就寿终正寝了。由于齐伯林在飞艇发展上的巨大贡献, 他被后人称为"飞艇之父"。

20世纪70年代以后, 有的国家又开始利用现代科学技术研制新型的充氦飞艇, 用于林区集运木材、油田巡逻和吊运大型设备等, 但起色不大。

飞行器的分类

　　凡在天空进行飞行活动的器具都叫飞行器。飞行器分两大类，一类叫航空器，另一类叫航天器。航空器是指在地球大气层中活动的飞行器。航空器又分轻于空气和重于空气两大类。轻于空气的航空器之所以能升空是因为它排开的空气重量等于或大于它本身的重量，即依靠空气浮力升空的，前述的气球和飞艇就是轻于空气的航空器。重于空气的航空器是依靠空气的动力即气流流过航空器表面产生反作用力而使航空器升空的。前述的古代的风筝、飞车、竹蜻蜓等以及近现代发明的滑翔机、飞机、直升机等都属于重于空气的航空器。但不论是轻于空气的航空器还是重于空气的航空器，都必须在有空气存在的大气层中才能飞行。

　　航天器就不同，它可以在没有空气的外层空间飞行，如人造卫星、航天站等。航天器由两级火箭送入预定轨道（在外层空间），靠火箭提供的初速运动；因为外层空间没有空气，所以航天器进入轨道后就不需动力而可以绕预定轨道持续运转。

滑翔机的发明 >

把航空器研究推进到一个新境界的是一批发明家，确切地说是一批研制滑翔机的人。

英国发明家、航空界的先驱凯莱爵士是第一位制成载人滑翔机的人。他摒弃用活动机翼飞行的想法，采用固定翼、机身以及包括升降陀和方向陀的尾翼组的结构，这成了现代飞机的基本构型。他还对流线型、纵向和横向安定性、产生最大升力的翼面等问题进行了研究，并对各种设想用模型进行试验。经过不懈努力，凯莱终于在1853年制成一架滑翔机，并完成了第一次载人的滑翔机飞行。凯莱的重要著作《关于空中航行》以及他制造的滑翔机和载人飞行活动，确立了现代飞机的基本布局，并为后来飞机的研制积累了重要的经验。

另一位卓有贡献的滑翔机飞行家是德国的工程师奥托·利林塔尔。德国工程师奥托·李林达尔是世界上成功地把载人滑翔机飞上天的第一人。德国工程师、滑翔飞行家奥托·李林达尔自幼酷爱飞行，少年时代的李林达尔曾进行扑翼飞行试验，长期观察研究鸟的飞行规律，并用自制的仪器验证观察的结果。1889年，他通过对鸟的大量观察，发表了《作为航空基础的鸟类飞行》一书，论述了鸟类飞行特点，指出机翼应像鸟翼那样具有弓

形截面，才能获得更大升力。后来，他又求得了最佳升力的机翼拱曲线和升力的计算方程，还编制了空气压力数据表，并据此撰写了《飞翔中的实际试验》等书。这些著作成为早期空气动力学原理和机翼设计的宝贵资料。他认识到扑翼飞行的不现实性，转向固定翼滑翔机的研究和试验，并与其弟古斯塔夫合作，于1891年制成一架弓形翼面的滑翔机，成功进行了滑翔飞行，飞行距离超过30米。李林达尔经过反复试验，证实了当许多人使用的平板翼面完全不适合飞行，只能像鸟儿那样的弓形翼面才适用于飞行，而且能大大节约动力。这个发现是当时航空技术的重大突破。此后数年间共制造了18种滑翔机，并亲自飞行了2500多次，其中

最远可达300米，还完成了180度的转弯飞行，被人们称为"蝙蝠侠"。

1896年8月9日清晨，奥托·李林达尔匆匆地吻别了一直支持他的妻子，和他的弟弟直奔斯图仑山附近一个山坡。由于山坡上的风很适合进行滑翔飞行，李林达尔十分兴奋地告诉弟弟，他要用他很喜欢的11号滑翔机试验一个新的操纵动作。古斯塔夫帮助他调整好滑翔机后，李林达尔急不可待地迎风跑了起来。一股强劲的上升气流很快使李林达尔和滑翔机飞上了天空，并一上向高空直飞去，一切似乎很顺利。

在地面的古斯塔夫感到滑翔的机翼角度似乎太大了些，于是向他的哥哥大喊："小心！"但是为时已晚，当李林达尔

29

准备挪动一下身子调整飞行姿态时，滑翔机由于失速，而头朝下栽向地面坠毁，李林达尔的脊椎被摔断。

在送往医院的途中，李林达尔对泪流满面的弟弟说的最后一句话是："牺牲是必需的。"李林达尔第二天在医院中死去，年仅48岁。李林达尔的牺牲震动了当时还属幼年的航空界，但滑翔机制造和飞行运动的热潮因此在全世界扩散开来，英国、美国等国到处都有人在制造和飞行滑翔机。尽管李林达尔的滑翔机结构十分简陋，必须通过自身身体的移动来操纵飞机的运动，但它是世界上第一种可操纵的飞行器，从而为7年以后有动力飞机的成功打下基础。

美国航空家夏尼特也是一位对滑翔飞行有贡献的人。夏尼特受到李林达尔及其他欧洲的滑翔飞行者的影响，在密歇根湖的沙丘上建造滑翔机营地，他和助手用自己设计制造的滑翔机进行过约2000次安全飞行。他所积累的数据对莱特兄弟研制飞机很有用，他和莱特兄弟保持着经常性的通信联系。

滑翔机是没有动力能持续飞行的重于空气的航空器。由于滑翔机没有动力，必须先加速到起飞速度，使机翼产生足够的升力才能克服重力。所以，早期的滑翔机多是从山坡向下迎风滑跑而起飞的。如今的滑翔机常用的起飞方法是用飞机牵引或汽车牵引。高性能的滑翔机能在空中飞行数小时。滑翔机不仅可为研究航空和气象服务，而且至今仍是受人欢迎的娱乐和体育竞赛的工具。将滑翔机的结构加以改进再装上发动机就成为飞机。所以，滑翔机是飞机的前身，它对航空事业的发展贡献极大。

航空先知 ＞

达·芬奇是世界上公认的第一位以科学方法和科学知识研究飞行的伟大学者。出生于1452年的达·芬奇既是著名的艺术家、科学家和工程师，又是航空科学研究的创始人。

他观察了鸟类的飞行，发现气流越快，升力越大。根据这些发现，他在1505年写成了《论鸟的飞行》一文，并绘制了扑翼飞行机的草图。他设想通过人力向后下方扑动双翼来实现飞行。

他的人力扑翼机没有飞起来，后来的研究证明也不可能飞起来。1680年，意大利的齐奥凡尼·波莱里在《运动的动物》一书中，详细地论述了仅靠人体肌肉的力量无法在空中支撑自己的体重。事

达·芬奇

实上，即使以现代的技术条件，也很难造出一副像鸟类那样变化多端、挥洒自如的翅膀。

与前人不同，达·芬奇是先通过对鸟飞行的观察、解剖和试验，对鸟的飞行原理有了深刻的认识后，才提出人类有能力仿制一种机器来模仿鸟的全部运动。

达·芬奇对飞行问题研究的另一重大贡献是，他认为在研究鸟的飞行的同时，还必须研究鸟飞行的环境，即流动的空气或风对鸟飞行的影响，而

31

空气的运动特性还可以通过水的流动来模拟研究。实际上，现代空气动力学的许多原理就是通过"风洞"和"水洞"得到的。

达·芬奇观察到鸟都喜欢逆风飞行，鸟在向前飞行时，翅膀总是与风的方向有一角度，现代飞机也正是这样飞行的；而达·芬奇认为鸟的升力是来自于鸟翅膀对空气压缩后空气产生的反作用力，这一结论比牛顿的作用力与反作用力理论整整提前了200年，可见达·芬奇的研究超时代意义。

达·芬奇的《论鸟的飞行》一书中还有许多飞行器的设计草图包括扑翼机、降落伞和直升机。达·芬奇在《论鸟的飞行》中阐述了关于鸟的飞行的三个原理。第一原理是鸟的持续飞行原理，或者说

空气的升力原理。他指出："由于大气是具有可压缩性质的物质，当有某种物质以比它的流动更快的速度拍击空气时，它就要受到压缩"；"除非翅膀扑打空气的运动比空气压缩时自身的运动速度快，否则翅膀下的空气不会变得很密，因此鸟就不会在空中支承自己的重量。"第二个原理涉及鸟有效利用气流飞行的技术。在山谷和其他地区，由于温度差作用，会产生上升热气流。达·芬奇注意到鸟经常利用这种气流毫不费力地飞行。第三个原理讨论的是鸟如何采取各种省力措施。这种办法是利用气流和风的作用，使体重降低，再结合翅膀扇动的力量，鸟类可以在消耗很小能量的前提下，进行长时间的自由飞行。这一点给达·芬奇以很大启示和鼓励，他由此认为人类的飞行

是完全可能的。

　　达·芬奇的航空学研究可以分成三大部分。前面所讲的是关于飞行的理论和原理，第二大部分是关于飞行的稳定和控制，第三大部分是飞行器设计。他设计过扑翼机、降落伞和直升机，但投入精力最多的是扑翼机。设计扑翼机完全来自对鸟的模仿。作为第一个科学地研究航空学的人，飞行器设计的先驱，在这里不能过分地指责他。大约在1485年，达·芬奇设计了第一架扑翼机，1487年画出了设计草图。他认为人的臂力不足以扇动机翼，便设想使人处于俯伏状态，加上大腿肌肉的力量来驱动。他又研究了当时已有的机械动力装置，包括弹簧和弓弦等。在达·芬奇的研究手稿中，还画有降落伞的草图，其外形呈四棱锥形，像一座小金字塔。他还被许多航空史家看作直升机的发明者，并认为这是他对航空学的真正贡献。在一张草图上，他画出了一个直升机设计图，它的主要部件是一个螺旋面，其几何图形相当于桨叶旋转与前进合成运动画出的曲面，两个端面间的夹角约540°。中间是一个直轴，上面缠绕弹簧来驱动螺旋面旋转。谈到这个设计时他指出："我觉得，如果这个带螺旋的装置能很好地制造……那么螺旋就会高速旋转，并在空中画出螺旋线来，然后升入空中。"这段论述表明，达·芬奇在历史上第一次阐述了直升机原理。

1519年，达·芬奇在他去世前，把自己的全部手稿赠给他最得意的门生弗朗切斯科·梅尔齐。此后，这些手稿一直被束之高阁，直到19世纪后期才被发现。因而，他的研究成果没能对飞机的发明起到应有的作用。直至18世纪末，拿破仑把《论鸟的飞行》和达·芬奇的其他手稿作为战利品带回了法国，才使达·芬奇的伟大研究重见天日，但研究这些手稿的都是些艺术家和历史学家，并没有发现手稿的科学价值，人们还是只知道他是一位伟大的艺术家。直到20世纪20年代，人们才发现他还是一位航空科学的开创者，早在近500年前他就对航空科学作了大量的极有价值的研究。

航空先驱的探索 〉

就在飞机发明的前夜，许多航空精英曾为研制人类第一架飞机进行过终生努力，甚至献出自己的生命。

1842年，英国人亨森设计的"空中蒸汽车"飞机申请到"重于空气的飞行器"的专利。

英国科学家凯利1849年用滑翔机载着一名男孩从山坡上向下滑翔成功。4年后又载着他战战兢兢的马车夫滑翔飘飞过一个小峡谷。

1882年夏，俄国军官莫扎伊斯基的飞机交由士兵驾驶在彼得堡市进行了有名的飞行尝试，但只属于"幼稚的跳跃飞行"。

1884年，俄国海军军官莫扎伊斯基设计制造了一架单翼机，并作过试飞。早年的莫扎伊斯基曾对鸟类和船用螺旋桨进行过仔细研究，萌发了发明载人飞行器的念头，他曾用3匹马拉着马车飞跑，车上的人高举两只大风筝，以此作飞行尝试。他设计的单翼机具有机身、尾翼、四轮起落架，2台英国制造的蒸汽发动机和5副螺旋桨，发动机的功率为10马力，飞机的翼展为22.8米，翼弦为14.20米，机长23米，总重934千克，载一名驾驶员的同时还可以载几名乘客。莫扎伊斯基的单翼机获得专利权，并在彼德堡附近的红村作过试飞，但只能跃飞20—30米的距

单翼机

蝙蝠形飞机

离。

法国人阿代尔先后研制过4架蝙蝠形飞机，1890年，其"伊奥利"号蒸汽动力飞机向前"跳飞"了一段距离，也不算水平飞行。1890年法国电气工程师克里门特·阿代尔设计制造了一架蝙蝠式飞机，取名为"风神"，于当年10月9日在阿美韦里斯从平地起飞高度约20厘米，飞越距离约50米，然后摔下。1897年阿代尔又设计制造了"飞机"号飞机，与"风神"号外形相似，装有2台蒸汽机，每台20马力，带动2副螺旋桨，其翼展为16米，总重达400千克。"飞机"号也作了几次短暂的跳跃飞行，未能持续飞行，其原因可能是：阿代尔的飞机未能解决操纵稳定问题；发动机的重量太大；从仿生角度出发，采

用蝙蝠翼扑动的方式，所以未能成功。1897年，他的3号机在巴黎数次"跃离地面"飘飞，后因军方撤消资助而作罢。1901年8月14日，旅美巴西人怀特海德的飞机据称飞过800米远！1902年，他的"22型"飞机号称飞行了3000米才落入海面。同年8月，德国人雅托的飞机作了距离18.3米的"跳跃飞行"……但这些原始的"飞机"均未获国际航空界的承认。

就在莱特发明飞机前夕，1903年的10月7日和12月8日，美国人兰利的"空中旅行者"号飞机两次从波托马克河一条游船的顶棚上作过不载人弹射试飞，可惜均因与发射架相磕碰而坠河。据后人分析，如再坚持一下，兰利很可能成为飞机第一发明人！

在莱特兄弟1903年历史性飞行之前的10年中，一个生于法国的美国土木工程师查纽特研制并飞行了当时世界上最先进的飞行器，他的双翼滑翔机是当时世界上所有飞行器中的工程杰作，是20世纪现代飞机的基础。他的助手赫林等人成为有经验的滑翔机驾驶员，突破了当时所有重于空气飞行器的飞行纪录。

● 飞行梦想的承载者——飞机

飞机发明人 〉

飞机发明人是美国的莱特兄弟，哥哥维尔伯·莱特，弟弟奥维尔·莱特。兄弟俩在家乡俄亥俄州代顿仅读完中学课程，即从事自行车修理制造业。兄弟二人自幼对飞行怀有浓厚的兴趣，曾潜心观察和研究鸟的飞行，制作风筝和竹蜻蜓，阅读有关飞行试验的新闻和报道。德国飞行大师李林达尔对莱特兄弟有着深刻的影响，1896年李林达尔在飞行中失事牺牲的消息传到美国，使他们十分痛心，兄弟俩决心完成他的未竟事业，将动力飞行器研制成功。

莱特兄弟刻苦钻研李林达尔的著作和当时能找到的其他有关飞行试验的书籍，综合前人100多年的探索工作，并依据自己的研究成果，莱特兄弟研制的"飞行者"号飞机首先试飞成功，开创了人类航空新时代。其他航空先驱也紧随其后，大力改进，使之日臻成熟。

1903年12月17日，这是一个载入史

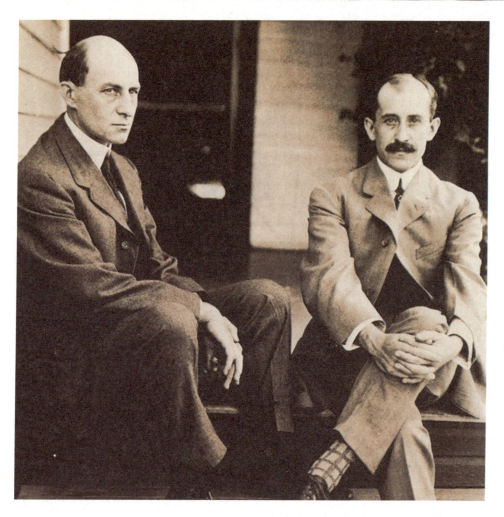

册的日子。这天清晨，天气阴冷，不断的阵风带着刺骨的寒意，在美国北卡罗来纳州的基蒂·霍克的一块空地上，几个身影在晃动着，莱特兄弟正在准备对他们制造的"飞行者"1号进行第一次试飞。

孤零零的"飞行者"1号静静地停在冷冷清清的场地上，除了一名见证人、几个救生人员和帮手外，没有任何观众。

"飞行者"1号尽管体型很庞大，但"身子"十分单薄。它采用了一副前翼和一副主机翼，并且都是双翼结构，用蒙皮木支柱和张线联结而成。一台汽油塞发动机被固定在主机翼下面的一个翼面之上，机翼后面安装着左右各一副双叶螺旋桨，机尾是一个双翼结构的方向舵，用来操纵飞机的方向，而飞机上下运动则由

"飞行者" 1号

前翼来操纵。飞机没有起落架和机轮，只有滑橇。起飞时飞机装在滑轨上，用带轮子的小车拉动和辅助弹射起飞。驾驶员俯伏在主机翼的下机翼中间拉动操纵绳索的手柄操纵飞机。连同驾驶员在内，飞机总重量大约为360千克。

上午11时左右，发动机经过暖机后，莱特兄弟中的弟弟奥维尔·莱特在飞机上俯伏就位。发动机启动后，飞机开始向前滑动，由于不时有大风迎面吹来，哥哥维尔伯·莱特用一只手扶着飞机的翼尖跟着向前跑，不让飞机有太大的晃动。滑行速度越来越快了，威尔伯·莱特不得不放开了手，"飞行者" 1号终于晃晃悠悠地升到了空中。

这次飞行的留空时间只有短短的12秒，飞行距离只有微不足道的36米，但它是人类历史上第一次有动力、载人、持续、稳定和可操纵的重于空气飞行器成功升空并飞行，具有十分伟大的历史意义，标志着人类征服天空的梦想开始变为现实，从而被世界航空界公认为世界航空世纪的第一日。

从1899年开始，莱特兄弟先后研制了三架滑翔机。头两架滑翔机满意地解决了飞机的稳定和操纵问题。但由于完全使用了过去留下的机翼升力和阻力数据，因此这两架滑翔机的飞行性能不高。

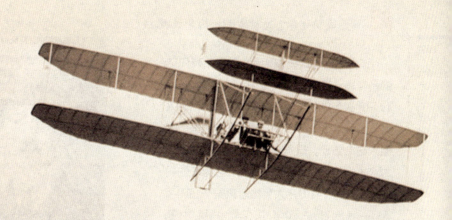

于是他们决定自己进行实验，以获得尽可能准确的数据，用以指导飞机设计。这些实验是利用自行车轮加装实验件旋转进行的。之后他们又自制了风洞进行精确实验。1901年9月—1902年8月间，他们共进行了几千次试验，开展了大量有关机翼升力、阻力、翼型的试验研究。

利用自己获得的精确数据，他们制成第三号滑翔机。它在试验时取得了极大成功。利用它共近700次滑翔飞行，并能保持行稳定和安全，即使在每小时36千米的强风下也能照常进行。第三号滑翔机的高度成功为他们研制动力飞机提供了直接依据并增强了取得最终成功的信心。

维尔伯·莱特和奥维尔·莱特两兄弟，在人类航空史上，有三大贡献：1.首次在有动力的飞机上，完成持续和可操纵的飞行，并降落于起飞的地面(1903年12月17日)；2.首次制造成功实用的动力飞机，用它可以完成起飞、直线飞行、转弯和"8"字盘旋等飞行动作，并能安全地着陆(1905年秋)；3.首次制造和试飞了可以载乘客的实用飞机(1908年)。

不是莱特兄弟？飞机发明人成争议焦点

著名飞行先驱阿尔贝托桑·托斯·杜蒙特

作为飞机的最先发明者，美国莱特兄弟的名字早已被载入人类史册。2003 年 12 月 17 日是莱特兄弟发明飞机 100 周年，也是人类飞行百年纪念日，美国等很多国家举行了盛大纪念活动。但是，在巴西，所有人都认为这是人类历史上的巨大不公，因为在他们看来，发明飞机的伟大英雄应该是一名巴西人——著名飞行先驱阿尔贝托桑·托斯·杜蒙特。

在巴西，你问任何一个人"是谁最先发明飞机？"，他们都会告诉你，是巴西人阿尔贝托·桑托斯·杜蒙特！巴西人对他非常崇敬，提供了大量证据来证明是他率先发明了飞机。

而且，巴西人表示，桑托斯·杜蒙特成功地制造了世上第一个氢气球，还成为首位乘坐机械飞船成功围绕巴黎铁塔飞行的人，在人

著名飞行先驱阿尔贝托桑·托斯·杜蒙特

类飞行史上写下了伟大的一笔。

为桑托斯·杜蒙特撰写传记的保罗·霍夫曼在传记《疯狂的翅膀》中写道，1906年10月12日，桑托斯·杜蒙特登上名为"14 bis"的飞机，成功地飞至60米高空，这是世界上第一次成功的动力飞行，桑托斯·杜蒙特也作为发明飞机的第一人赢得了人们广泛的尊重和欢呼。

目前，人类历史上公认的发明飞机者是莱特兄弟，1903年12月17日，他们在美国北卡罗来纳基蒂霍克村外不远的空旷沙滩上试飞成功，开创了人类飞行的新时代。

尽管桑托斯·杜蒙特成功飞行的时间比美国莱特兄弟晚了3年，但巴西人坚持认为，

莱特兄弟当时所发明的飞机并不是依靠自身动力推动起飞的，他们的飞行也没有达到真正意义上"飞"的标准。巴西一名知名物理学家、研究桑托斯·杜蒙特的专家巴若斯说，当时人们还没有明确定义，区分"飞行"和"延长式跳跃"，其实莱特兄弟的飞行并没有达到"飞行"的标准。

但桑托斯·杜蒙特1906年的飞行完全符合所有标准，他的飞机依靠自身引擎推动，不借助其他任何工具。而且，他在众多专家和观众面前进行了公开飞行，不仅达到了预定高度，而且安全降落。

巴西首都的一名出租车司机很不满地说："这简直就是人类历史上最大的错误之一，莱特兄弟根本不是最先发明飞机的人。他们的飞机需要借助弹射器，他们试飞的时候也没有其他人在场。"

面对这些激烈的争议，美国国家航空航天博物馆的负责人彼得说，巴西人的上述言论很荒谬，桑托斯·杜蒙特1906年首次飞行的时候，莱特兄弟已经在空中飞行了很多次了，其中有一次飞行了40分钟。彼得还说："即使在1903年的最后一次飞行，他们的飞机在空中也停留了59秒，并飞行了260米。"

法国的一名专家也认为，莱特兄弟的飞行应该得到公认，不过他对巴西人的观点也非常理解。他说："这当中体现了强烈的民族和国家情感，飞行是人类历史上非常重要的一步。"

43

飞机的改进 〉

初期的飞机都使用的是单台发动机,在飞行中,常常会出现发动机突然关车的故障。这对飞行安全始终是个威胁。1911年,英国的肖特兄弟申请了多台发动机设计的专利。他们的双发动机系统,能使飞行员都不用担心因发动机停止而使飞机下降。这在航空安全方面是一个重大的进展。人们把按照肖特专利制造的第一架飞机称为"3·2"型飞机。这个名字告诉人们,这种飞机装有3副螺旋桨及2台发动机。这种飞机还装有两套飞行操纵机构,因此,两名驾驶员都能操纵飞机而不必换座位。

1903年12月17日莱特兄弟驾驶他们制造的飞行器进行首次持续的、有动力的、可操纵的飞行。

1915年12月,德国的容克制造了一架全金属飞机。该飞机使用的是薄薄的罐头盒铁皮制作而成,并非现在的铝合金材料,所以这架飞机被戏称为"驴罐头"。

1927年至1932年中,座舱仪表和领航设备的研制取得进展,陀螺技术应用

到飞行仪表上。这个装在万向支架上的旋转飞轮能够在空间保持定向，于是成为引导驾驶员能在黑暗中、雨雪天中飞行的各种导航仪表的基础。这时飞机中就出现了人工地平仪，它能向飞行员指示飞机所处的飞行高度；陀螺磁罗盘指示器，在罗盘上刻有度数，可随时显示出航向的变化；地磁感应罗盘，它不受飞机上常常带有的大量铁质东西的影响，也不受振动和地球磁场的影响。这些仪表以灵敏度高、能测出离地30多米的高度表和显示飞机转弯角速度的转弯侧滑仪，此

外还有指示空中航线的无线电波束，都是用来引导驾驶员通过模糊不清的大气层时的手段。

飞行仿真器又称飞行模拟器，它可以在地面模仿飞机的飞行状态。1930年，美国人埃德温·林克发明了第一个飞行仿真器，并且以自己名字命名为"林克练习器"，尽管它存在着技术上的缺陷，但是它已经体现了不使用真实飞机就能安全、经济地反复进行紧急状态动作训练的优点。现在的飞机模拟器已经由计算机、模拟驾驶舱、运动系统、操纵负载

机翼

系统和视景系统等组成，是现代航空科研、教学、试验等不能缺少的技术设备。

飞机基本特征 〉

飞机，专业术语是固定翼机，泛指比空气重，有动力装置驱动，机翼固定于机身且不会相对机身运动，靠空气对机翼的作用力而产生升力的航空器。这种定义是为了与滑翔机和旋翼机有所区别。固定翼飞机是目前最常见的航空器型态。动力的来源包含活塞发动机、涡轮螺旋桨发动机、涡轮风扇发动机或火箭发动机等等。同时飞机也是现代生活中不可缺少的运输工具。

　　飞机具有两个最基本的特征：其一是它自身的密度比空气大，并且它是由动力驱动前进；其二是飞机有固定的机翼，机翼提供升力使飞机翱翔于天空。

　　不具备以上特征者不能称之为飞机，这两条缺一不可。譬如：一个飞行器它的密度小于空气，那它就是气球或飞艇；如果没有动力装置，只能在空中滑翔，则被称为滑翔机；飞行器的机翼如果不固定，靠机翼旋转产生升力，就是直升机或旋翼机。

飞机具有特点 〉

和其他交通工具相比，飞机有很多优点：

• 速度快

目前喷气式客机的时速在 900 千米左右，机动性高。飞机飞行不受高山、河流、沙漠、海洋的阻隔，而且可根据客、货源数量随时增加班次。

• 安全舒适

据国际民航组织统计，民航平均每亿客千米的死亡人数为 0.04 人，是普通交通方式事故死亡人数的几十分之一到几百分之一，是比火车更为安全的交通运输方式。

但是飞机作为交通工具也有自身的局限性：

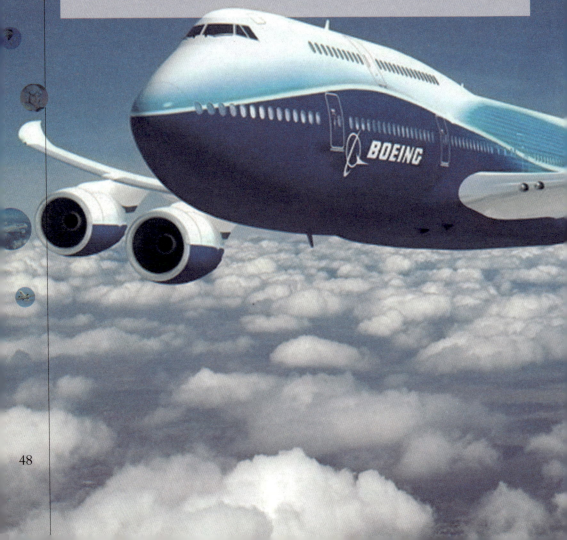

• 价格昂贵

无论是飞机本身还是飞行所消耗的油料相对其他交通运输方式都高昂得多。受天气情况影响。虽然现在航空技术已经能适应绝大多数气象条件，但是风、雨、雪、雾等气象条件仍然会影响飞机的起降安全。

• 起降场地有限制

飞机必须在飞机场起降，一个城市最多不过几个飞机场，而且机场受周围净空条件的限制多分布在郊区。由于从飞机场到市区往往需要一次较长的中转过程，由此给高速列车提供了800千米以内距离的城际运输市场空间。因此飞机只适用于重量轻，时间要求紧急，航程又不能太近的运输。

• 危险

虽然民航客机每亿客千米的死亡人数远低于其他运具，但批评者认为飞机本身旅程亦远比其他运具长，所以这个数值被拉低。在某些数据上飞机并不是特别安全。飞机的另一大特点就是单次事故死亡率高。

飞机基本分类 〉

飞机不仅广泛应用于民用运输和科学研究，还是现代军事里的重要武器，所以又分为民用飞机和军用飞机。

民用飞机除客机和运输机以外还有农业机、森林防护机、航测机、医疗救护机、游览机、公务机、体育机、试验研究机、气象机、特技表演机、执法机等。

飞机还可按组成部件的外形、数目和相对位置进行分类。

按机翼的数目，可分为单翼机、双翼机和多翼机。按机翼相对于机身的位置，可分为下单翼、中单翼和上单翼飞机。

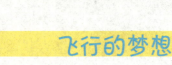

按机翼平面形状，可分为平直翼飞机、后掠翼飞机、前掠翼飞机和三角翼飞机。

按水平尾翼的位置和有无水平尾翼，可分为正常布局飞机（水平尾翼在机翼之后）、鸭式飞机（前机身装有小翼面）和无尾飞机（没有水平尾翼）；正常布局飞机有单垂尾、双垂尾、多垂尾和V形尾翼等。

按用途可分为战斗机、轰炸机、攻击机、拦截机。按推进装置的类型，可分为螺旋桨飞机和喷气式飞机。

按发动机的类型，可分为活塞式飞机、涡轮螺旋桨式飞机和喷气式飞机；喷气式飞机按发动机的数目，可分为单发飞机、双发飞机和多发飞机。

按起落装置的，可分为陆上飞机、水上飞机和水陆两用飞机。

还可按飞机的飞行性能进行分类：

按飞机的飞行速度，可分为亚音速飞机、超音速飞机和高超音速飞机。

按飞机的航程，可分为近程飞机、中程飞机和远程飞机。

飞机机身结构 〉

大多数飞机由5个主要部分组成：机翼、机身、尾翼、起落装置和动力装置。

• 机翼

机翼的主要功用是为飞机提供升力，以支持飞机在空中飞行，也起一定的稳定和操纵作用。在机翼上一般安装有副翼和襟翼。操纵副翼可使飞机滚转；放下襟翼能使机翼升力系数增大。另外，机翼上还可安装发动机、起落架和油箱等。机翼有各种形状，数目也有不同。在航空技术不发达的早期为了提供更大的升力，飞机以双翼机甚至多翼机为主，但现代飞机一般是单翼机。

在机翼设计的过程当中，经常提到的一个矛盾是飞机的稳定性和操作性两个方面，上单翼飞机好像提起来的塑料袋，它非常的稳定，但是操作性稍微差一点；下单翼飞机好像托起来的花瓶，操作性很灵活，但是稳定性就稍微逊色一点。所以民用飞机一般采用上单翼设计，而表演用途或者其他对操作性要求高的飞机都采用下单翼设计。

- ## 机身

机身的主要功用是装载乘员、旅客、武器、货物和各种设备；还可将飞机的其他部件如尾翼、机翼及发动机等连接成一个整体。但是飞翼是将机身隐藏在机翼内的。

- ## 尾翼

尾翼包括水平尾翼（平尾）和垂直尾翼（垂尾）。水平尾翼由固定的水平安定面和可动的升降舵组成（某些型号的民用机和军用机整个平尾都是可动的控制面，没有专门的升降舵）。垂直尾翼则包括固定的垂直安定面和可动的方向舵。尾翼的主

尾翼

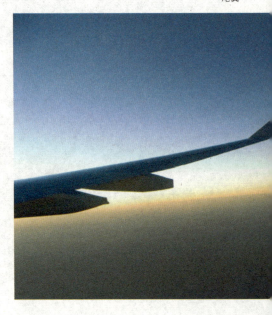

要功用是用来操纵飞机俯仰和偏转，以及保证飞机能平稳地飞行。

• 起落架

起落装置又称起落架，是用来支撑飞机并使它能在地面和其他水平面起落和停放。陆上飞机的起落装置，一般由减震支柱和机轮组成，此外还有专供水上飞机起降的带有浮筒装置的起落架和雪地起飞用的滑橇式起落架。它是用于起飞与着陆滑跑、地面滑行和停放时支撑飞机。

一般的飞机起落架有3个支撑点，根据这三个支撑点的排列方式，往往分为前三角起落架和后三角起落架。其中，前三角起落架指前面一个支撑点，后面两个支撑点的起落架形式，使用此类起落架的飞机往往静止时仰角较小，在起飞时很快就可以达到很高的速度，当速度达到一定的值时，向后拉起操纵杆，压低水平尾翼，这时前起落架会稍稍抬起，瞬间机翼的两面风速差达到临界，飞机得到足够的升力后即可起飞；后三角起落架采用的是前面两个支撑点，后面一个支撑点的形式，使用此类起落架的飞机往往静止时仰角较大，当飞机在跑道上达到一定速度的时候，机翼两面的风速差即可达到一个临界，此时后起落架会被抬起，驾驶员继续推油门杆，同时向后拉操作杆以控制飞机平衡，当速度达到一定的值时，飞机即可起飞。

• 动力

动力装置主要用来产生拉力或推力，

动力装置

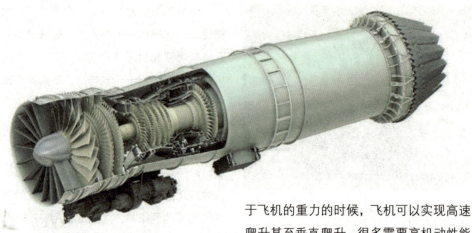

使飞机前进。其次还可以为飞机上的用电设备提供电力，为空调设备等用气设备提供气源。

现代飞机的动力装置主要包括涡轮发动机和活塞发动机两种，应用较广泛的动力装置有四种：航空活塞式发动机加螺旋桨推进器；涡轮喷射发动机；涡轮螺旋桨发动机；涡轮风扇发动机。随着航空技术的发展，火箭发动机、冲压发动机、原子能航空发动机等，也有可能会逐渐被采用。动力装置除发动机外，还包括一系列保证发动机正常工作的系统，如燃油供应系统等。

讲到飞机的动力装置，就不得不讲一下飞机的推重比。推重比就是飞机的推力与飞机所受到的重力的比值。目前，一般的民用飞机的推力是小于飞机的重力的，因为每增加一个 KN 的推力，都要增加飞机的制造成本，所以很多飞机都有一定的爬升速度和爬升角度。而当飞机的推力大

于飞机的重力的时候，飞机可以实现高速爬升甚至垂直爬升，很多需要高机动性能的飞机，比如战斗机等都有很大的推力和很小的重力。

另外，等同重力的要求下，飞机的推力越大，机翼面积就越小，飞机巡航阻力就越小，速度就越快，滑跑距离就越长。反之亦然。

飞机除了上述 5 个主要部分之外，还装有各种仪表、通讯设备、领航设备、安全设备和其他设备等。

• 其他

其他的如鸭翼式结构，由后置的主机翼与可以理解成前置水平尾翼的鸭翼构成。也就是用鸭翼来控制飞机的仰角，水平尾翼的位置是鸭翼结构的主翼，来控制飞机的横滚。

无尾结构，受益于矢量推力发动机的无尾结构飞机，只有一个多是三角形的主翼，没有控制仰角的水平尾翼和鸭翼。靠发动机推力矢量方向变化来控制飞机的仰

方向舵

角。

三翼面结构，同时有主翼、水平尾翼、鸭翼的飞机。操作性能更高。

双垂直尾翼结构，目前战斗机多用的结构，踩舵时可以让飞机不用横滚就转向。

• 操纵

现代飞机驾驶舱内可供驾驶员使用的飞行操纵装置通常包括：

主操纵装置：驾驶杆或驾驶盘、方向舵脚蹬、油门杆和气门杆。在某些采用电传操纵系统的飞机上，驾驶杆或驾驶盘已经被简化成位于驾驶员侧方的操纵杆。

辅助操纵装置：襟翼手柄、配平按钮、减速板手柄。

随着电子技术的发展，飞行操纵装置的形式也发生了根本性的变化。在大型飞机中，传统的机械式操纵系统已逐渐被更为先进的电传操纵系统所取代，计算机系统全面介入飞行操纵系统，驾驶员的操作已不再像是直接操纵飞机动作，而更像是给飞机下达运动指令。由于某些采用电传操纵系统的飞机取消了原有的驾驶杆或驾驶盘等装置而改为侧杆操纵，驾驶舱的空间显得比以往更加宽松，所以有些驾驶员称此类驾驶舱为"飞行办公室"。

飞机为什么能升上天空而不掉下来 〉

在飞机发明以前，曾经存在着两种错误观点，一是认为只有像鸟一样扑动机翼才能飞行，二是认为重于空气的飞行器不可能在空中飞行。产生这些错误观点是很朴素和自然的。直到18世纪发现了"伯努利定理"和一些早期（飞机滑翔机）制造家的实践才终于明白上述错误的原因所在。瑞士科学家丹尼尔·伯努利通过无数次实验，于1726年发现了"边界层表面效应"：流体速度加快时，物体与流体接触的界面上的压力会减小，反之压力会增加。这就是"伯努利定理"，它是流体力学的基本定理之一，可以用数学表达式表示。伯努利定理适用于包括气体在内的一切流体，是许多工程应用的理论基础。如飞机的机翼设计，就是利用流经机翼上部弯曲面的气流速度比翼下的快，使得机翼下部的压力比上部的大，从而产生升力。这就是这么重的飞机为什么能升上天空而不掉下来的道理所在。

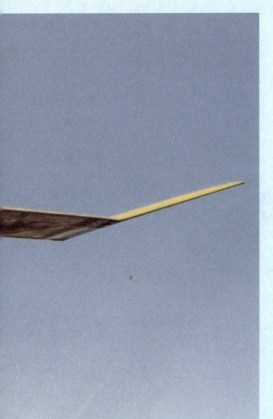

可靠。例如当飞机转了一个很小角度的弯，机身倾斜得很厉害，驾驶员一时不能很快地调整好自己的平衡感觉，从而不能正确地判断地平线的位置，就可能导致飞机不能恢复到正确的飞行姿态上来。还有飞机在海上做夜间飞行，漆黑的天空与漆黑的大海同样都会闪烁着星光或亮光。在这茫茫黑夜中很难分辨哪里是天空，哪里是大海，稍有失误，很容易就把飞机开进海中。

为了飞行的安全，极有必要制作出一种能指示飞机飞行姿态的仪表。这块仪表必须具有这样一种性能，即能够显示出一条不随着飞机的俯仰、倾斜而变动的地平线。在表上这条线的上方即为天，下方即为地。天与地都分别用不同的颜色予以区别，非常醒目。怎样才能造出这条地平线呢？设计者从玩具陀螺中获得了灵感。

许多小孩都玩过陀螺。它的神奇之处在于当它转动起来以后，无论你如何去碰它，它总是保持直立姿态，决不会躺倒。而且它转得越快，这种能保持直立的特性就越强。换句话说：陀螺转动起来后，它可以保持它的旋转轴的指向不受外界的干扰，指向它起始的方向。利用这个原理，在 19 世纪末就制造出来陀螺仪，它的核心部分是一个高速转动的陀螺，专业术语叫转子。把转子装在一个各方向均可自由转动的支架上，这就是陀螺仪。把陀螺仪安装到其他设备上，不管这个设备如何运动，陀螺仪内转子旋转轴的方向是不会改

飞机参数 〉

• 飞行姿态

飞机在空中飞行与在地面运动的交通工具不同，它具有各种不同的飞行姿态。这指的是飞机的仰头、低头、左倾斜、右倾斜等变化。飞行姿态决定着飞机的动向，既影响飞行高度，也影响飞行的方向。低速飞行时，驾驶员靠观察地面，根据地平线的位置可以判断出飞机的姿态。但由于驾驶员身体的姿态随飞机的姿态而变化，因此这种感觉并不

变的。飞机发明后不久，陀螺仪就被用到了飞机上。把陀螺仪的支架和机身连在一起，它的转子在高速旋转时，旋转轴垂直于地面，有一根横向指示杆和转子轴垂直交叉相连。飞机可以改变飞行姿态，但转子轴会始终指向地面，横向标示杆就始终和地平线平行，它在仪表中被叫作人造地平线，这个仪表被称为地平仪，也叫姿态指引仪。在实际飞行时，驾驶员在任何时都应相信地平仪指示出的飞行姿态而不是相信自己的感觉判断，从而避免因飞机的剧烈俯仰倾斜动作导致的判断失误，这样才能保证飞机安全飞行。

自动化飞行

飞机能不能不用驾驶员，自动去飞行？早在地平仪被装在飞机上以后，有人就在琢磨这个想法。1914 年，一名美国发明家斯派雷利用地平仪上陀螺指针作为飞机平飞的标准，用电器装置测出飞机飞行时和这个标准的偏离，再用机械装置予以校正，就使飞机保持在平飞的状态上。这就是世界上第一台自动驾驶仪。虽然它只能保持飞机的平飞，但它给后人以启迪，从此开始了飞机自动飞行的时代。

20世纪70年代，电子计算机进入飞机，飞机有了自己的电子"大脑"。首先使用了三个电子计算机（飞行控制计算机）分别控制飞机三个轴的飞行状态。此时的飞机不仅能被控制平飞，而且可以控制转弯和升降。考虑到飞机在做转弯和升降运动时，它的推力必须相应地发生变化，为了要顺利地完成这些过程，就有必要同时控制发动机的推力。于是第二步又在飞机上加装了管理推力的推力控制计算机。飞机由于有了自行控制飞行姿态

机上的仪表系统

和推力的能力，初步实现了自动任意飞行。但它也只限于保持在已设定的路线上的飞行。它还没能与机上的仪表系统全面联系起来，对外界的变化及时做出反应。为了使飞机真正实现自动控制飞行的全过程，也就是能"独立自主"，这就需要统一管理上述两套系统（姿态和推力）并且与其他仪表系统实行大联合。所以第三步是在飞机上又装上一台能力更强的计算机，全面管理和协调飞行。这台统管全局的计算机叫飞行管理计算机。它是飞机的核心中枢。在这个中枢的数据库内存储着各个机场及各条航路的数据。驾驶员只要选定航路的起点和终点，将命令输入这台计算机

内，它就可以代替驾驶员指挥飞机起飞、爬升、巡航、下降直到降落在目的地机场。这套系统还可以在飞行全过程中即时发出指令，使飞机按照最佳的飞行状态、最合理的使用推力、最经济的油耗飞完全程，从而实现了全程自动化飞行。听起来，由这套计算机系统控制的飞机飞得比由驾驶员控制飞得还好，那么，是不是以后飞机飞行就不需要驾驶员了？答案是：不行。原因之一是飞机的航行线路要由驾驶员设定并输入到计算机中去；原因之二是飞机在起飞和降落这两个阶段中，变化因素太多，计算机只能按预先编好的程序动作，不具备灵活反应的能力；原因之三是即使飞机在巡航状态时，驾驶员可以不做任何动作去控制飞机，但他必须监视这个机器

"大脑"的工作。万一这台"大脑"出现什么故障或反应不够及时，驾驶员要立刻接管驾驶飞机的任务，这样才能保证飞行安全。

• 黑匣子

一架飞机失事后，有关部门都要千方百计地去寻找飞机上落下来的"黑匣子"。因为黑匣子是判断飞行事故原因最重要及最直接的证据。虽然叫黑匣子，其实它的颜色不是黑的，而是醒目的橙色，这只是约定俗成的一个叫法。它的正式名字是飞行信息记录系统。在电子技术中，把只注重其输入和输出的信号而不关注其内部情况的仪器统统称为黑匣子。飞行信息记录系统是一种典型的黑匣子式的仪器。为了方便，业内人士都叫它黑匣子，传到社会上，公众也只知道飞机上有个黑匣子。飞行信息记录系统包括两套仪器：一个是驾驶舱话音记录器，实际上就是一个磁带录音机。从飞行开始后，它就不停地把驾驶舱内的各种声音，例如谈话、发报及其他各种声音响动全部录下来。但它只能保留停止录音前 30 分钟内的声音。第二部分是飞行数据记录器，它把飞机上的各种数据即时记录在磁带上。早期的记录器只能记录 20 多种数据，现在记录的数据已可达到 60 种以上。其中有 16 种是重要的必录数据，如飞机的加速度、姿态、推力、油量、操纵面的位置等等。记录的时间范围是最近的 25 小时。25 小时以前的记录就被抹掉。

有了这两个记录器，平时在一段飞行过后，有关人员把记录回放，用以重现已被发现的失误或故障。维修人员利用它可以比较容易地找到故障发生的位置；飞

行人员可以用它来检查飞机飞行性能和操作上的不足之处，改进飞行技术。一旦飞机失事，这个记录系统就成为最直接的事故分析依据。为了保证记录的真实性和客观性，驾驶员只能查阅记录的内容而不能控制记录器的工作或改动记录内容。为了确保记录器即使在飞机失事后也能保存下来，就必须把它放在飞机上最安全的部位。根据统计资料知道飞机尾翼下方的机尾是飞机上最安全的地方，于是就把这个"黑匣子"安装在此处。黑匣子被放进一个（或两个）特殊钢材制造的耐热抗震的容器中，此容器为球形或长方形，它能承受自身重力1000倍的冲击、经受11000℃的高温30分钟而不被破坏，在海水中浸泡30天而不进水。为了便于寻找它的踪影，国际民航组织规定此容器要漆成醒目的橘色而不是黑色或其他颜色。在它的内部装有自动信号发生器能发射无线电信号，以便于空中搜索；还装有超声波水下定位信标，当黑匣子落入水中后可以自动连续30天发出超声波信号。有了以上这些技术措施的保障，不管是经过猛烈撞击的、烈火焚烧过的、掉入深海中的黑匣子，在飞机失事之后，绝大多数都能被寻找到。根据它的记录，航空事故分析业务进展了一大步。在保障飞机安全、改进飞机设计直至促进航空技术进步各方面，黑匣子都是功不可没。

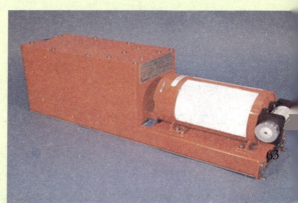

· 航线

　　飞机飞行的路线称为空中交通线，简称航线。飞机的航线不仅确定了飞机飞行具体方向、起讫点和经停点，而且还根据空中交通管制的需要，规定了航线的宽度和飞行高度，以维护空中交通秩序，保证飞行安全。

　　飞机在空中具体是如何确定线路的呢？首先，飞行员会把出发机场和到达机场以及途中要经过的导航点输入到飞机的电脑中。当飞机升空后，导航点和飞机之间会不断地交换数据，从而引导飞机的自动飞行系统控制飞机往下一个导航点飞行。也就是说，飞机在空中的线路是由地面导航台控制的。

> 飞机之最

• 航速

历史上的最大航速纪录：

1910 年 106 千米 / 小时，飞行员：Leon Morane，法国，Bleriot XI

1923 年 417 千米 / 小时，飞行员：Harold J.Brow，美国，Curtiss R2C-1

1934 年 709 千米 / 小时，飞行员：Francesco Agello，意大利，Macchi MC.72（水上飞机，此项纪录保持至今）

1941 年 1004 千米 / 小时，飞行员：Heinrich Dittmar，德国，梅塞施米特 Me 163（火箭式歼击机）

1947 年 1127 千米 / 小时，飞行员：Charles Chuck Yeager，美国，Bell X-1

1951 年 2028 千米 / 小时，飞行员：Bill Bridgeman，美国，道格拉斯 Skyrocket

1956 年 3058 千米 / 小时，飞行员：Frank Everest，美国，Bell 52 X-2（火箭式）

1965 年 3750 千米 / 小时，飞行员：W.Daniel，美国，洛克西德 SR-71 黑鸟（喷气式飞机）

1966 年 7214 千米 / 小时，飞行员：William Joseph Knight，美国，北美航空 X-15（火箭式飞机）

2004 年 7700 千米 / 小时，无人驾驶，美国，波音 X-43A（喷气式飞机）航程

2004 年 6 月 28 日，新加坡航空公司重新开通了新加坡与美国纽约纽瓦克机场之

间的每日不停站直航航班，航班号 SQ21/SQ22，超过了之前新加坡至洛杉矶的航线，成为全球最长不停站商业飞行的航线。新航以空中客车 A340-500 客机飞行该航线，整个航程达到了 16600 千米，飞行时间需 18 小时。

• 环球飞行

1924 年道格拉斯公司"世界巡航"号飞机第一次作分段环球飞行，历时 175 天，飞完 42400 千米。

1986 年由伯特·鲁坦设计的"旅行者"号由哥哥迪克·鲁坦和女飞行员珍娜·耶格尔驾驶，人类首次实现不间断、不空中加油的环球飞行。

1992 年 10 月，一架"协和"号超音速客机，为了纪念哥伦布发现美洲新大陆 500 周年，用了 32 小时 49 分绕地球一周，创造了环球飞行的新纪录。

• 静音喷射机

2006 年的 11 月，美国麻省理工学院与英国剑桥大学的研究团队，合作一项名为"静音喷射机倡议"的计划，将彻底改造客机的概念设计：未来的客机将不只能更省油，而且还安静无声，一解机场附近居民饱受飞机起降噪音折磨之苦。这一"静音喷射机"可以运送 215 名乘客，并可能在 2030 年时加入航空界。这架客机的噪音从机场外听起来，大约像洗衣机或其他家电的噪音。

● 飞机百年

实现飞行梦想（1903-1913年）＞

　　像鸟儿一样自由飞翔蓝天，是人类的美好梦想。1903年12月17日，人类终于第一次飞上了蓝天，美国的莱特兄弟完成了人类首次持续的、可操纵的动力飞行。这一天，他们的"飞行者"1号，第一次由弟弟奥维尔驾驶，飞行了37米，留空时间12秒；最后一次由哥哥维尔伯驾驶，飞行了260米，留空时间59秒。

　　在"飞行者"1号上，发动机通过链条带动两具直径为2.59米的推进式螺旋桨。它们的效率为0.66，已接近于现代的定距螺旋桨水平。不过，近期国外的实验证明，莱特兄弟的"飞行者"1号是严重俯仰不定的，现代飞行员若不依靠人工稳定装置是没有人敢于驾驶这样的飞机上天的。这更增加了人们对莱特兄弟过人的勇气和高超本领的敬仰。

军事航空兴起（1914-1918年）＞

　　正如同任何科学技术都首先应用于军事一样，飞机一诞生，便在战场上广泛应用，成为战场的"杀手"。1914年7月28

"飞行者" 1号双翼

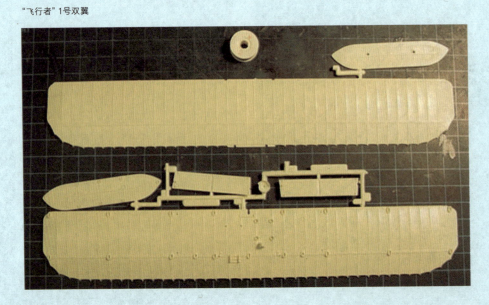

日，第一次世界大战爆发。当年8月3日，德国飞机轰炸法国的吕内维尔城，这是世界上第一次飞机对城市的空袭。当年10月5日，法国飞行员约瑟夫·弗朗茨中士和他的机械员路易·凯诺配合，在空中击落一架德国的飞机，首开以飞机击落飞机的纪录。当时法国著名的特技飞行员罗朗·加罗斯提出：应该将机枪固定在机头前方，沿飞机纵轴发射，这就形成了歼击机的格斗射击概念，并一直沿袭至今。

1915年，德国委托荷兰发明家安东尼·福克尔研制成功机枪与螺旋桨的协调装置。装有这种协调装置的福克尔"艾因德克尔"E型飞机接连击落协约国飞机。协约国飞行员把这段经历称为"福克尔灾难"。

一战期间，各参战国共生产了18.4万架飞机，飞行速度超过200千米/小时，飞机性能比以前提高约一倍。

民用飞机诞生（1919-1926年）〉

第一次世界大战结束后，既有大量的剩余军用飞机，又有众多面临失业的飞行员，于是发展民航事业水到渠成，也开辟了民用飞机发展的道路。

开辟空中航线的需要激发了对长途探险飞行的热情。1919年6月15日，英国的阿尔科克上尉和布朗中尉驾驶一架维克斯"维梅"型飞机，从纽芬兰岛的圣约翰斯港起飞，与恶劣天气搏斗15小时57分，中途曾从云中坠入危险的螺旋状态，飞出后，最终迫降在爱尔兰的戈尔韦沼泽地带。这是航空史上第一次中途不着陆的、飞越大西洋的飞行。

美国早期军用飞机生产滞后，但较早使用专门设计的民航飞机，所产福特"斯托特"型飞机是那一时期最成功的运输机之一。

技术全面飞跃（1927-1932年）〉

1927年5月，美国邮政飞行员林白驾驶一架NYP-1型"圣路易斯精神"号飞机，横跨北大西洋，直飞5180千米，历时33小时30分29秒，最后降落在巴黎的布尔歇机场。他的壮举引发一股航空竞赛热，各项飞行纪录日新月异。

20世纪20年代末至30年代初，欧美飞机制造技术大发展：飞机外形设计改革，双翼机逐渐让位给单翼机，尔后又由上单翼布局发展为下单翼布局。下单翼布局可以带来较好的整体流线型，而且为起落架收起提供了更充分的空间。作为飞机心脏的发动机也有长足的进步，气冷式发动机逐渐取代液冷式发动机。航空仪表也空前发展。美国研制成功了人工地平仪和陀螺航向指示器等航空仪表。有了先进的系列航空仪表，飞行员即使在复杂气象条件下也能驾机飞行。

再经战火锤炼（1933-1945年）

1933年12月31日，世界上第一种实用的张臂式、下单翼、起落架可收放的单座战斗机苏联伊–16型战斗机试飞成功。在1938—1939年的西班牙内战中，伊–16和德国的梅塞施米特Me.109战斗机展开了殊死的空中较量，揭开了第二次世界大战开始后规模最大的空战的序幕。在二战期间，全世界共生产了100万架军用飞机。

交战各国的战斗机水平在战争中都有大幅度的改进：大多装有自封油箱和飞行员防护装甲，提高了飞机的生存性；有的安装有20毫米口径的航炮，加强了作战火力；后期美国生产的P–51"野马"型战斗机采用层流翼型，使飞机的速度超过了700千米/小时，并装有大容量副油箱，可以执行远程轰炸机的护航任务。盟军主要使用重型的4发轰炸机对纳粹德国进行大规模的战略轰炸。参战飞机有英国的"哈里法克斯"和"兰开斯特"、美国的B–17和B–24等。战略轰炸机由大机群活动转变为单机行动，被军事专家称为"轰炸机革命"。

进入喷气时代（1946-1966年）

科学家早就提出了利用燃气喷流产生的反作用力推进飞行的设想。二战后，美国相继生产了F-80和F-86等第一代喷气式战斗机。苏联紧随其后，研制了米格-15型飞机。

有了喷气式战斗机，试飞员们开始驾驶着飞机向音速冲击。1946年9月27日，英国的"燕"式喷气式研究机在试图接近音速时机毁人亡。原来当飞机接近音速飞行时，空气被压缩，密度增加，给飞机带来了巨大阻力，造成飞机操纵反常。人们把这种现象称为"音障"。1947年10月14日，美国的耶格尔上尉驾驶X-1型研究机，首次完成了超音速飞行，在1.28万米高空上飞行速度达到1078千米/小时，相当于马赫数1.015。

从20世纪50年代初到60年代中期，第一代超音速战斗机相继升空，如美国的F-100、F-104和F-4等，苏联的米格-19、米格-21和米格-25等。喷气式客机也加入航班，如苏联的图-104，美国的波音707、DC-8和法国的"快帆"等。

开拓广阔领域 (1967-1989年) >

　　科学家们找到了协调飞机在高低速飞行之间矛盾的方法：通过结构设计，保证飞机机翼后掠角可以变化。1967年5月26日首次试飞的苏联米格–23型战斗机和后来研制的苏–17型战斗轰炸机等型飞机都采用了可变后掠机翼布局。采用可变后掠机翼的飞机还有美国的F–111型战斗机和F–14型舰载战斗机等。

　　越南和中东的局部战争空战经验证明，战斗机不仅要飞行速度快，而且要有良好的空中机动性。20世纪60年代末到70年代末出现的高机动战斗机有美国的F–14、F–15、F–16和F/A–18，苏联/俄罗斯生产的米格–29、米格–31、苏–27和苏–35，法国生产的"幻影"2000，英德意联合研制的"狂风"等型。为了改善机动性能，这些飞机采用了如边条机翼、机动襟翼、翼身融合体和近距耦合鸭式布局等各种先进的气动研究成果。与上代战斗机相比，这一代战斗机的上升率提高约1倍，盘旋半径缩小约一半，盘旋角速度增加2—3倍，起降滑跑距离缩短约一半。

73

奔向智能飞翔(1990-2003年)〉

20世纪90年代初,数字式电传操纵系统在波音777型喷气式客机上采用,标志着飞机向智能化方向迈进。而在同一时期首飞的A330/A340型远程客机的机翼可以在计算机的控制下,根据飞行高度和机翼载荷分布的情况,自动地改变切面形状。按照飞行任务的不同,机翼可以自动地选择最佳弯度。它是人类模仿鸟类翅膀的又一大进步,而鸟类的翅膀正是最完美的任务适应翼。

电传操纵系统用电子线路取代传统的机械操纵系统,为飞机采用主动控制技术提供了先决条件。计算机搬上飞机,使飞行技术产生革命性变化。1998年5月,世界上5家最大的信息技术产业公司公布了一项无线电收发器链接便携式电脑硬件的技术,代号为"蓝牙"。"蓝牙"技术使现代战斗机建立了通过无线电进行空地或空空之间信息传输的"数据链"。"数据链"可以将声频传输的信息存储在飞机计算机之内,协助飞行员在纷杂的战场环境作出判断和决策。

飞行史上18个历史瞬间 >

当莱特兄弟100多年前"起飞"的时候，他们可能没料到自己制造的飞行机器竟会如此地影响着整个人类社会。飞机使战争变得更残酷，飞机也在2001年9月11日令恐怖分子更洋洋得意。尽管如此，我们不能否认飞机带给人类更多的是进步。它拉近了人与人之间的距离，拉近了地球与宇宙的距离，拉近了人类与未来的距离……我们期望着有那么一天，飞行令距离不再成为距离。

75

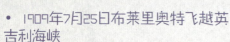

• 1909年7月25日布莱里奥特飞越英吉利海峡

　　在莱特兄弟成功后，航空活动热在全世界兴起。1908年，英国《每日镜报》设立了一项首次跨海峡飞行的高额奖金。当时《每日邮报》的老板提供500英镑给任何飞越英吉利海峡的人。甚至私底下还提供7500英镑要维尔伯·莱特参赛，然而维尔伯·莱特认为这是无用的冒险举动而不屑尝试。第二年，法国飞行员路易斯·布莱里奥特飞越了英吉利海峡，获得奖金。就在成功完成这次冒险的6天前，布莱里奥特的对手休伯顿·莱瑟半途上迫降在海上。令人吃惊的是，布莱里奥特根本没有携带指南针和地图等设备，完全靠感觉飞行。最终，他看见了英国海岸线，并与大风搏斗让飞机按正常航线飞行。下降到快接近地面的时候，布莱里奥特关掉了引擎，飞机在离地面20米的时候坠毁，螺旋桨和起落架损坏，但飞行员没有受伤。布莱里奥特爬出飞机，开始和周围的人互相庆祝。

　　在此之后他的航空技术也使法国的航空技术在第一次世界大战领先多年，使英国感受到威胁而开始思考航空的重要性。此次飞行显示飞机运输的极大潜力。这项成功也使大家开始相信航空是真正可以缩短空间的新交通方式，也开始改变人类对于速度和距离的各种观念。

● 1927年5月21日 林白孤身飞越大西洋

1919 年的一天，美国纽约的一位名叫雷蒙·奥泰格的饭店老板宣布他将出资25000 美元，奖赏第一位驾机从美国纽约不着陆飞行到法国巴黎的飞行员。消息传出，那些热衷于航空冒险的飞行员们都希望能够创造这个纪录，但是直到 1927 年，这笔奖金仍然没有主人，而在这 8 年中先后已有数人为争得这笔奥泰格奖金而身负重伤，甚至丧命。

林白对自己的飞行技术十分自信，他认为只要有一架性能良好的飞机，他一定能够成为第一个不着陆越过大西洋的人。他四处游说，最终说服圣路易斯市的 9 位巨商出资，并选定总部设在圣迭戈市的瑞安航空公司来制造这架由他参与设计的特制的飞机。他将这架飞机命名为"圣路易

斯精神"号。1927 年 5 月 10 日至 11 日，为了检验飞机的性能，林白驾机从圣迭戈飞到了纽约，创下了 20 小时 21 分钟飞越美国大陆的新纪录。

1927 年 5 月 21 日是世界航空史上值得纪念的日子，上午 7 点 52 分，正是驾驶着这架"圣路易斯精神"号，林白从纽约附近的罗斯福机场起飞。由于"圣路易斯精神"号需要很大的油箱，所以从图可看出驾驶舱是无法看到正前方的，可说是一架名符其实的"飞行油箱"。1927 年 5 月 20 日加满 1700 升的油后升空启程，经过5790 千米的长途跋涉，飞行了 33 个小时30 分钟，终于降落在巴黎，他立即受到大批群众热烈欢迎，顿时成为英雄，创造了人类历史上第一次飞越大西洋的不着陆

飞行纪录。林白的成功主要印证了引擎的可靠性，且使飞机不再只是表演的工具，而是可以真正成为交通工具。这也让更多美国人开始投入航空事业。就在那一刻，无论是对这位飞行员，还是对于这个世界，一切都改变了。

• 1932年5月21日 飞越大西洋女性第一人

埃尔哈特凭着自己的勇敢，不仅成为了孤身飞越大西洋的第一名妇女，同时也创造了 14 小时 56 秒的飞行纪录。飞行中飞机的高度仪器和一个排气管坏了，汽油从一个泄漏的设备滴到她的脖子上。但她依然低空飞行，她说："我宁愿淹死也不愿烧死。"

埃尔哈特

• 1937年5月6日 兴登堡飞艇爆炸

电台播音员莫里森润了润喉咙，看着当天的新闻稿。但就在此时，商业航空史上最严重也是目击者最多的灾难在 803 英尺的高空中发生了。"兴登堡"号飞艇爆炸了，在 1000 多名观众的目击下，它在 32 秒钟内就烧成了一个空架子，97 名乘客和乘务人员中至少 23 人死亡。这就好像军方进行定点爆破的试验一样。

- 1913年2月5日 首次试飞轰炸机

　　约翰·托佛斯是美国军事上早期最受尊敬的飞行员之一。早在 1912 年，托佛斯就在一架科蒂斯海上飞机上装入过量燃油创造了持续飞行 6 小时的世界纪录。1 年后，托佛斯受命在执行侦察和拍照任务时试验飞机的攻击能力。托佛斯所作贡献的影响持续了数十年，直到他指挥美国海军飞行中队参与第二次世界大战。

- 1937年4月26日 德国轰炸西班牙

　　西班牙内战时，德国飞机像蝗虫一样飞临圣城格尔尼卡，进行了数小时的轰炸，将该城变成了一个大火炉。掠过屋顶的时候，飞机上的机关枪又开始无情地扫射，折磨着田地中惊恐的农夫，约 800 名男子和妇孺被杀。

- 1941年6月20日 美国空军成立

　　要求建立一支独立的空军部队的呼声越来越强烈，美国军方不得不采取行动。美国战争大臣史汀森在国会中宣布：目前的陆军飞行中队和分离的指挥部将组成一个统一的和自治的机构，它就叫空军。

- 1941年12月7日 日本偷袭珍珠港

　　天空上的飞机可能是从圣地亚哥向西飞行的美国飞机，人们估计这队飞机的数量在 50 到 150 架之间。其中一些是 4 引擎轰炸机，一些是俯冲轰炸机，还有一些歼击机。这些飞机在天空上碰到的唯一的飞机就是律师雷·布德维克的小型私人飞机。那是一个星期天的早晨，布德维克的飞机遭到那些飞机上机关枪的扫射，但他幸运地降落了。就在他庆幸逃过一劫的时候，巨大的爆炸声响彻了整个城市。第一个报告伤亡的人就是罗伯特·泰舍，他是夏威夷州首府火奴鲁鲁一个民用机场的技工。当时，泰舍正准备让一架飞机升空，便遭到了机枪扫射。人们后来才知道，那

些是日本飞机，共有 183 架，美军在珍珠港基地的太平洋舰队几乎在袭击中全军覆没。

• 1942年6月4日 中途岛大战爆发

4 月从美国"大黄蜂"号航母起飞的16 架飞机空袭东京等地，日本举国震动。5 月初，日本决定进攻中途岛，歼灭美太平洋舰队的航母编队。5 月 20 日，日本集结了一支由 200 多艘舰艇组成的舰队，它分为佯攻舰队、运输舰队和主攻舰队，其中还包括 4 艘航空母舰。然而，日本各舰队间的无线电通讯均被美海军截获。美国火速增援中途岛，尼米兹上将调集"企

业"号等 3 艘航空母舰、7 艘重巡洋舰、15 艘驱逐舰及大批舰载机等到中途岛海区，大批轰炸机中队也驻到了岛上，严阵以待。6 月 4 日，日军一个批次又一个批次的俯冲轰炸机、水平轰炸机和零式战斗机从航母跑道上起飞。但在逼近中途岛时，日本轰炸机所能找到的轰炸目标，不过是空空的飞行跑道，所有的美军飞机都已升空，并对日本舰队发动袭击。此战中，日军损失航空母舰 4 艘、重巡洋舰 1 艘、飞机 150 架、兵员 3500 余人。美军损失航空母舰"约克敦"号 1 艘、驱逐舰 1 艘。但对于日本军国主义者来说，中途岛之战真正使他们痛心的，还不在丢了几艘航母

和几百架飞机，而是损失了几百名经验丰富的飞行员和机务人员。从此，日军被迫转入守势，双方力量对比发生转折。

• 1947年10月14日 耶格尔突破音速

在沙漠和军事机密这两堵厚墙的包围中，加利福尼亚莫洛克空军基地成了一个极度神秘的地区。实际上，该基地主要从事的工作就是测试战机性能，特别是在速度的问题上。在飞行速度的领域内，这个基地也有王牌人物。他就是查尔斯·耶格尔上校，这个 26 岁的试飞员非常谦虚，有着一双蓝眼睛和魅力不凡的笑容。耶格尔是第一个飞得比声音还要快的人，他的名字也因此被载入了航空史册。

• 1957年10月4日 俄罗斯发射卫星

俄罗斯发射的卫星是人类第一次遨游外太空的成功尝试。尽管美国太空人对此觉得愤怒，但很少有人贬低俄罗斯的成就。从 3 个最重要的方面——重量、轨道和高度上，俄罗斯的人造地球卫星都胜过美国。至少，俄罗斯的已经在天上了，美国的却依然呆在地上。

• 1969年7月20日 人类踏上月球

尽管"阿波罗 11 号"的宇航员在月球插上了美国国旗，但他们的成就远胜于一个国家在太空竞争上的胜利。对在太空一个星球上从原始森林走出，并只生存了数

查尔斯·耶格尔

百万年的一种生物来说，这是一个科学和智慧上的伟大成就，这令人类乐观地相信，只要能想象到的就能做到。

• 1981年4月12日 第一艘太空船升空

美国研制的第一架航天飞机"哥伦比亚"号第一次进入绕地球的轨道。航天飞机的中心部分是一个带翼的轨道飞行器，它的设计可供 100 次飞行。集束式助推器可以回收并重复使用无数次，轨道飞行器有一巨大货舱，卫星及其他材料放在舱内送进太空或从太空带回。

• 1986年1月28日 "挑战者" 航天飞机爆炸

美国航天飞机"挑战者"号从肯尼迪航天中心发射72秒钟后在1.5万米高空爆炸，7名机组成员全部遇难。飞机在顷刻间炸成一团火雾，残骸碎片在1小时内散落到距离发射中心9千米的大西洋海面。这是美国宇航史上最惨重的事故。

• 1916年6月29日 波音试飞第一架飞机

波音这个航空史上最响亮的牌子初次"起飞"或许就是1916年6月29日在西雅图试飞的一架双座单引擎水上飞机，飞机上乘坐的正是它的制造者威廉·波音和海军上尉康拉德·韦斯特维尔特。

当时，制造这架飞机的初衷本是想获得美国海军的一份合同。海军担心，一旦美国卷入第一次世界大战，他们就必须拥有自己的战斗机。后来，当飞机载客服务的条件成熟后，波音立即闯入了这一商业领域，并在商业航空史上留下了重重的一笔。

挑战者"号航天飞机

● 1939年6月28日　泛美航空公司开始洲际载客服务

当泛美航空公司开辟了纽约至法国马赛的第一条客运航线后，快速连接欧洲和美国的梦想终于成为现实。令梦想成真的人正是泛美航空公司老板特里普，他随后开辟的从纽约至葡萄牙里斯本的航线在跨洲际路线上占有了绝对的优势。里斯本是当时进入欧洲的主要入口。

● 1986年12月14日　不加油环球飞行

在环球飞行中，最困难的当数中间不着陆、不加油、一次完成的飞行。

1986年12月14日至23日，美国飞行员、48岁的迪克·鲁坦以及34岁的珍娜·耶格尔，驾驶"旅行者"号轻型飞机完成这次不可思议的飞行壮举。其不可思议之处主要是两点：一是他们克服了难以想像的困难，在狭小的座舱里驾驶飞机连续飞行9昼夜，二是"旅行者"号惊人的续航能力，一次加油的航程超过4万千米，几乎是现有续航能力最大的飞机航程的3倍。因此创造这次环球飞行纪录的除两名飞行员外，还有"旅行者"号飞机的设计师迪克·鲁坦的弟弟伯特·鲁坦。

12月14日上午8时，迪克和珍娜驾机起飞。飞机在1400米的高空，向西方飞去，他们环球飞行的航线基本上是沿着赤道以北的航线先飞过太平洋，然后飞越东南亚和印度洋，再穿越非洲和大西洋，最后横跨美洲大陆返回出发地，整个航程40407千米，飞行216小时，恰好是9昼夜。

12月23日凌晨，"旅行者"号飞抵加利福尼亚州上空，眼看胜利在望时，突然出现险情：后发动机出现故障，迅即空中停车，飞机急速下坠。迪克和珍娜镇定地打开了前发动机，使飞机恢复了正常状态。

在一轮朝阳中，在10万人的欢呼声中，

"旅行者"号终于缓缓地降落于机场上。

• 1970年1月21日 波音747开始商业服务

波音 747 喷气式客机是美国第一架宽机身超级喷气式客机。泛美航空公司老板知道，让一种新型飞机投入运作的开始阶段会碰到各种各样的问题。不过，当第一架波音 747 载着 352 名乘客从纽约抵达伦敦后，这些乘客只有一个感觉：旅程太过瘾了。

• 2001年9月11日 "9·11"恐怖袭击

美国东部时间 2001 年 9 月 11 日上午 9 时，纽约的世贸中心姊妹楼前后分别遭恐怖分子劫持的两架飞机撞击。第一次袭击始于 8 点 48 分，一架由波士顿飞往洛杉矶的波音 767 型客机被恐怖分子劫持，以令人惊讶的低空飞行撞到了世贸中心南侧大楼，这幢大楼马上起火，并被撞去一角。

18 分钟以后，也就是当地时间 11 日上午 9 时 6 分，一架小型飞机以极快的速度撞击了世贸中心姊妹楼的另一幢。这两座姊妹楼于当地时间上午 10 时 30 分左右突然发生了大规模坍塌。这两座曾经是世界上最高建筑的标志性建筑已经不复存在。

飞机性能的演变与提高 〉

• 触摸蓝天

气球载人升空，早于飞机120年。1783年12月1日，法国的物理学家雅克·夏尔乘氢气球上升至3000米高度。气温和气压的急剧变化，使他的肉体承受了巨大的痛苦，此后他再没有乘气球升空。谁能想到，令人向往的天空，原来是一个严酷的王国。

1903年12月17日，"飞行者"1号首次升空时，离开地面的高度约36.5米。1909年8月29日，飞机的第一个正式世界飞行高度纪录只有155米。是由英国飞行员莱瑟姆驾驶安托瓦内特飞机，在法国的兰斯国际航空集会上创造的。第一次世界大战前的1913年12月28日，法国飞行员莱加格纳克斯驾驶纽波尔飞机，创造的世界飞行高度新纪录是6120米。

在第一次世界大战期间，一般的作战飞机的使用高度都在3000—4600米以下。只有少数例外，如英国的索普威思7E-1"鹬"型战斗机，可以在7600米高度上巡逻；德国的阿维亚蒂克C. Ⅷ型侦察机的升限可以达到9000米。

在4000米高度以下，驾驶者敞开式座舱的飞机，飞行员经受的第一道考验是寒冷。因为每上升1000米高度，大气温度就降低6.5摄氏度，即使是夏季，在4000米高度上，也像严冬一样寒冷。所以在航空早期，飞行员的穿着总是穿着厚实的皮衣，戴着皮帽。

地球周围的空气有一半分布在5000

米高度以下。在这一高度以上飞行时，飞行员因缺氧和减压可能导致昏迷甚至死亡。因此飞行高度超过3000米时，飞机上要有供氧系统，以保证飞行员的正常呼吸需要。高度超过7000米时，还要有气密座舱或穿代偿服，为飞行人员提供必要的工作环境。早期的飞行员代偿服和潜水衣差不多，飞行员穿上后活动很不方便。

第一次世界大战后，军用飞机的飞行高度大多在6000米以下，只要为飞行员准备一套包括氧气瓶和氧气面罩的装备就够了。但对于民航飞机来说，需要有密封增压的机舱，以保证乘客的安全与舒适。采用气密机舱意味着飞机尺寸和重量的增加，以及随之而来的运营成本的上涨。

不过，高空旅行自有其诱人之处。高度平均11000米以上，有一个平流层。那里没有对流、雷雨、闪电等影响飞行的危险天气；它的底层（同温层），温度保持不变，刮着稳定的西风；由于空气稀薄，飞机承受的阻力较小，真空速较大。显然，这是民航飞机理想的飞行环境。

1937年，美国洛克西德公司按照美国陆军航空队的要求，研制的XC-35型双发同温层试验机首次试飞。这种飞机采用密封增压机舱，机身横截面为圆形，机窗是非常小的矩形。该机在试验中，在6400米高度上，空速可以达到563千米/小时。同年，英国肖特公司研制了名为"同温层客机"的肖特14/38型四发高空客机试验机。因第二次世界大战爆发而中断研制。1939年至1940年，英

国通用飞机公司研制了 GAL41"单梁"型全增压机舱双发试验机。它的机舱增压任务是由安装在机头的一台辅助发动机来完成的。

1938 年至 1939 年，美国波音公司在 XC-35 的经验基础上，研制成功世界上第一种采用全增压机舱的波音 307"同温层客机"型四发高空客机的原型机。乘客在这样的飞机上，高空飞行时无须戴氧气面罩；在 4570 米高度飞行时，机舱内保持相当于 2440 米高度上的大气压力；在 6100 米高度飞行时，机舱内压力仍相当于 3660 米高度上的气压。美国环球航空公司和泛美航空公司都在航班上选用了这一型号的飞机。

1939 年至 1940 年，意大利皮亚焦公司研制了 P.Ⅲ型同温层试验机。值得注意的是这种飞机的机舱没有机窗。为了承受机内外的压力差，密封增压机舱的蒙皮必须加强，在受力蒙皮上开窗口也要特别谨慎。那一时期，高空客机的机窗一般都采用传统的矩形。第二次世界大战后，世界第一种喷气式客机——英国的德·哈维兰"彗星"，它在空中解体的一个重要原因就是因为采用了矩形机窗设计。其后的高速、高空客机都采用了圆形或椭圆形的机窗。

实现同温层飞行的另一个必要条件是在活塞式发动机上安装增压器。高空空气

稀薄，气缸内的空气充填量降低，发动机功率随之减小。利用曲轴带动离心式增压器或利用废气驱动涡轮提高进气密度，可以使发动机的高空特性大大改善。上面提到的皮亚焦 P.Ⅲ型飞机就装有带有增压器的 1000 马力的发动机。

第二次世界大战前夕，飞机的世界飞行高度纪录已达到 17083 米，是 1938 年 11 月 22 日，由意大利飞行员佩奇驾驶卡普罗尼 161 比斯型飞机创造的。

• 同温层作战

第二次世界大战初期，参战的俯冲轰炸机、强击机和驱逐机（战斗机）的作战高度主要在中低空。美国较早重视战略轰炸机的研制，在战前就提出了"远程试验轰炸机"计划。对于远程战略轰炸机来说，同温层底部是最安全的飞行高度。因为高射炮的有效射程大约为 8000—9000 米。1938 年，按照美国陆军航空队的要求，波音公司利用波音 307"同温层客机"的技术成果，对 B-17 型轰炸机进行密封增压改装，改型机代号为波音 334。由此发展成为著名的远程战略轰炸机 B-29"超级堡垒"。

B-29 轰炸机采用了全密封增压机舱，不过轰炸机并不需要像旅客机那样要对整个机身都进行密封增压处理。只是前方的驾驶舱和中机身是全增压的，二者之间的

机身弹舱之上有一条联络通道，可供机组人员匍匐通过；尾部的密封舱是独立的，只有当解除密封增压时，尾炮射击员才能离开机尾舱。

B-29 的升限可以达到 9708 米。美国在二战中使用的 B-24 和 B-17 等型轰炸机的升限虽然也可以达到对流层的顶部，但它们都没有采取密封增压措施。作高空飞行时，机组成员只能戴上氧气面罩。B-29 飞机的炮塔设计也很特别，它是世界上第一种通过遥控操纵进行射击的。

在二战中，纳粹德国也设计了性能很好的高空轰炸机，如道尼尔 Do.217P(升限 15000 米)、容克斯 Ju.86P(升限 12000 米)、Ju.287(升限 12000 米) 和 Ju.388L (升限 13000 米)。但它们实际上很少作为轰炸机投入使用。

为了拦截高空轰炸机或为它们护航，战斗机（当时叫驱逐机）也要有很高的升限，如德国的梅塞施米特 Bf.109 战斗机，升限可以达到 11734 米。英国对"喷火"和"蚊"式等战斗机也曾增设过密封增压座舱。日本为了拦截对其本土进行空袭的 B-29 型轰炸机，曾设计了采用鸭式布局的"震电"型战斗机。采用鸭式布局的理由是，平尾前置后可以产生正升力，使高空飞行时的配平升阻比增加，从而提高飞机的升限。它的设计使用升限是 12000 米，但在战争结束前只进行了无动力的滑翔试验，并没有派上用场。

1944 年 7 月 28 日，在德国上空，两架拖着白色尾迹的奇特飞机，从 10000 米以上的高空，以惊人的速度冲入美国的 B-17 轰炸机机群，完全置护航的"野

火箭飞机

马"型战斗机于不顾，使美军飞行员目瞪口呆。同年 8 月 5 日，又是这种飞机在柏林西南 120 千米处的 11000 米高度上，首次击落美军护航的 3 架"野马"战斗机。这种神秘的飞行武器就是利皮施设计的 Me.163"彗星"火箭飞机。火箭飞机在飞行高度和速度上确有优势，但续航时间只有 8 分钟，最大航程只有 80 千米。

• 获得新的动力

第二次世界大战之后，飞机设计进入喷气时代。涡轮喷气式动力装置的应用，使飞机的飞行包线（高度和速度）迅速扩展。1948 年 3 月 23 日，由英国飞行员坎宁安驾驶德•哈维兰 D.H.100"吸血鬼" I 型喷气式战斗机，创造了 18119 米的飞机飞行绝对高度纪录。1959 年 12 月 14 日，美国飞行员乔丹驾驶洛克西德 F-104C"战斗明星"喷气式战斗机，又创造了 31513 米的世界飞机高度纪录。它超过了 1957 年 8 月 14 日由载人气球创造的 30942 米的纪录，创造这一纪录的人是美国的戴维•西蒙斯少校。1977 年 8 月 31 日，苏联试飞员费多托夫驾驶米高扬设计局研制的 E-266M 试验原型机，上升到 37650 米的高度，超过了由美国人马尔科姆•罗斯和维克托•普拉瑟创造的载人气球升高到 34660 米的纪录。

以上飞机的世界绝对高度（以海平面为起点计算）都是由装有喷气式动力

装置的飞机所创造的。1963 年 8 月 22 日，美国装有液体火箭动力装置的 X-15A 型研究机，由沃克驾驶，创造了高度为 107960 米的纪录。

侦察机的主要功能就是接近或深入敌方收集军事情报，而不是它的战斗功能。它对付战斗机（歼击机）攻击的最好自卫武器，就是飞得比它们更快、更高。20 世纪 60 年代，美国洛克西德公司研制成功飞行速度达到 M3.0 的 SR-71 型侦察机，其实用升限（飞机上升率小于 0.5 米时的高度）为 24385 米。苏联在 70 年代研制了飞行速度更大的米格-25RB 型侦察机，其实用升限可达 27000 米。一般的战斗机和高射武器都奈何不了它们，但地空导弹例外。在越南战争中，美国的 SR-71 飞机就曾被击落过。升限只有 19507 米的 RB-57 型侦察机（美国通用动力公司根据英国生产的"堪培拉"轰炸机改进而成）更是难逃地空导弹的追踪。1959 年 10 月 7 日，1 架国民党空军的 RB-57D 型高空侦察机，在北京通县上空被我人民解放军地空导弹第二营击落——这是世界防空作战史上，在实战中首次用地空导弹击落飞机。一般的地空导弹的飞行速度约为 M3，垂直有效射程可达 30000 米，常被人们称为"双 3"飞行器。它是对付高空飞机的重要武器。

从飞机设计角度看，扩展飞机升限的途径有三条，即提高飞机的升力系数与阻力系数之比（升阻比）；降低飞机的机翼载荷；增加发动机的剩余功率。

美国洛克西德公司研制，1956年投入使用的U-2高空侦察机，就是按照上述三条原则设计的。U-2飞机实质上是一种带有喷气动力的滑翔机。它像滑翔机一样的大展弦比机翼，翼展31.39米（U-2R），故有很高的升阻比；机身是由F-104型战斗机的机身修改而成的，阻力很小；采用蜂窝结构的机翼，翼载只有14.6千克/平方米，是常规喷气式飞机的1/3；它的空重是6.85吨，最大起飞重量是18.6；装有1台推力为75.6千牛（7700千克）的J75-P-13B型涡喷发动机。这种飞机由1人驾驶，实用升限可达27432米。在目标上空，它可以关闭发动机，像滑翔机一样巡弋，续航时间可达8—9小时，最大航程为10060千米。

从1962年1月至1967年9月，国民党空军使用U-2R型飞机共进入大陆侦察飞行110架次，被我导弹部队击落5架后，停止活动。此前，在1960年5月1日，1架由美国飞行员鲍尔斯驾驶的U-2B型间谍飞机，在苏联斯维尔德洛夫斯克上空被地空导弹击落。

地空导弹和防空雷达的发展，使高空不再是入侵飞机的庇护所。于是，在军事部门内出现了低空突防的战术思想。1956年11月，美国曾试飞成功低空超音速轻型轰炸机B-58，并于1959年12月装备部队，但因用途单一和造价昂贵而于1962年停产。1959年，英国开始研制从"贴着树梢的高度"上，以超音速突防的TSR.2型战术攻击/侦察机，也因为技术

93

复杂和费用太高而被迫放弃研制。事实上，我国南昌从 1958 年开始研制的强 5 型强击机，是世界上较早投入大批量生产的，可以执行低空大速度突防任务的超音速作战飞机。

与活塞式发动机相比，涡喷动力装置有更优越的高空特性和速度特性。第二次世界大战之后，带有后掠机翼的喷气式客机迅速发展起来。1949 年 7 月 27 日，英国的德·哈维兰"彗星"喷气式客机首飞成功。但在 1953 年 5 月 2 日至 1954 年 4 月 8 日之间，"彗星"客机接连发生严重事故。1 架在印度的加尔各答起飞时坠毁；另 2 架在地中海上空飞行时神秘地失踪，当时被称为"彗星"之谜。

与军用飞机不同，高空旅客机为了使乘客舒适，整个机身都要采取密封增压措施。在高空稀薄的空气中飞行时，内部增压的客机犹如充气的冷气瓶。"彗星"客机的机舱允许压差为每平方米 5.76 吨，比"星座"型活塞式高空客机大了约一倍（2.94 吨）。高度变化时，它的机身蒙皮因经受压力变化而出现金属疲劳现象，再加上机窗设计不合理，终于导致空中解体的悲剧。

1954 年 7 月 15 日首次试飞的美国波音 707 型喷气客机，采用了新的设计标准，机舱允许压差为 6.01 吨 / 平方米。当它在 6360 米高度飞行时，机舱内保持和海平面相同的压力；即使在 12190 米高度

上飞行，乘客的感受依然和 2133 米高度上一样。然而，不幸的事件仍有发生。1974 年 3 月 3 日，一架土耳其航空公司的麦·道 DC-10 型喷气式客机，因机门设计不当失事，造成民航史上最大的人员伤亡。

现代装有涡轮风扇动力装置的巨型宽体客机，它们的升限都有可能达到 20000 米以上，但考虑到民航运营成本，一般只保持巡航高度在 9114—10668 米。如波音 747 型客机的升限是 20412 米，但它的巡航高度是 13600 米，巡航速度为 957 千米／小时。

• 飞得更低

正当飞机设计师和高空探险家们为拓展飞机的升限而奋斗的时候，有些人却在寻找使飞机飞得更低的途径。

还在飞机出现的初期，飞行员们就发现：在贴近地面（或水面飞行时，飞机下面好像带着一个空气垫子似的托着飞机，使飞机的性能有所改变。有经验的滑翔员在滑翔机降落目测偏低（按当时滑翔机所处的高度，是无法滑翔到预定着陆点的）时，他们索性加快降低高度，让滑翔机贴近地面平飘。这样做，有时可以使目测低变成目测高（着陆点超前）。这说明，滑翔机的滑翔比（等于升阻比）在贴近地面时会明显增加。

实验证明，飞行高度很低（小于两倍翼弦长度）时，由于机翼下面的气流受阻，静压增大，因而飞机的升力提高；又因为机翼的翼尖涡流受到地面阻挡，使下洗角减小，飞机的诱导阻力也随之降低。其结果是飞机的升阻比几乎成倍地提高。这种现象就是所谓的地面效应。此外，地面效应还会使飞机的俯仰力矩发生显著的变化。

 飞行的梦想

一种交通工具的动力装置的最大功率（马力）和它本身的总重量（吨）相比，所得比值称为"比功率"。这一比值越小，就说明这种交通工具越经济。水面航行的轮船和陆地行驶的火车都要比空中飞行的飞机经济得多。如果设计一种飞机，可以在贴近地面或水面的高度上飞行，利用地面效应提高其升阻比，它的"比功率"就会大大降低。因为在平直飞行时，飞机的升力等于重力，推力（或拉力）等于阻力。飞机重量一定时，升阻比越大，需要动力装置提供的推力（或拉力）越小。利用地面效应的飞行器，与普通的飞机相比，要经济；与船和火车相比，速度要快得多。

1935 年，芬兰人制造成功第一架地效飞行器。这种飞行器被称为冲翼艇（或"腾空艇"）。1937 年至 1940 年，苏联著名学者 В.И. 列夫科夫开始研制排水量达 15 吨的气垫船，后因卫国战争而中止。1955 年，英国工程师 K. 考克雷发明喷口型气垫船。20 世纪 60 年代，英、美和日本等国研制了大量"全垫升"和"侧壁式"气垫飞行器。

气垫飞行器外形象船（故又称气垫船），无机翼，它是利用动力装置的能量，在机体与地面之间产生一层压缩空气（气垫）将其托起来运动的。而"冲翼艇"则有固定机翼，外形跟飞机没有什么区别，

气垫飞行器

它在贴近地面（或水面）飞行时其升阻比一般比飞机大。

如果让冲翼艇像普通飞机一样离开地面或水面，腾空高飞，不就成了两栖飞行器。但当它们试图远离地面或水面时，遇到的第一道难关，就是无法保持其俯仰平衡和纵向安定性。地效飞行器一旦失去地面效应时，其机翼焦点（气动中心）立即前移，而使飞行器失去俯仰平衡。这是因为地面效应使机翼后部产生的附加升力较多的缘故。

1977 年，德国的飞机设计师利用三角翼（或前掠翼）气动布局，解决了这一难题，研制成功总重 1.5 吨的 X–114 型地效飞行器。1988 年 11 月 2 日至 5 日，在中国上海举行的"国际高性能运载工具会议"上，我国介绍的"750"号（1985 年 3 月试飞）和"902"号（1984 年 11 月 12 日试飞）等地效机翼飞行器，采用了和联邦的 X–114 型飞行器相似的气动布局。

20 世纪 60 年代末期，我国气动工作者进行的"抬"式飞机气动布局研究中，

提出了不同的利用地面效应的飞机方案，如在鸭式布局的前翼上安装螺旋桨动力装置。起飞、着陆时，利用前翼襟翼后缘下偏，使螺旋桨滑流注入后翼下方，加强地面效应；飞机远离地面后，前翼襟翼收上，滑流转而冲刷后翼上表面，产生附加升力，抑制全机焦点前移。按这一原理设计的"抬"式布局无线电遥控飞机模型，在飞行中表现出了优异的短距起降性能。

1967 年，美国的侦察卫星发现苏联在里海水面上正在进行试验的大型地效机翼飞机。这种飞行器和我国的"抬"式运输机方案（701）有完全相同的气动构思。不同之处，是它利用前翼上的 8 台喷气发动机的喷流向后翼下方注入，以加强地面效应；远离地面时，前翼的喷流冲刷后翼上表面，以抑制焦点前移。

苏联的这种飞行器代号是 KM-8，美国人称它为"里海怪物"。它的全长为106 米，翼展 40 米，总重 540 吨，可以载运 500 名士兵，以 400 千米 / 小时的速度，在海面低空巡逻，最大航程可达3000 千米。它也可以像普通飞机一样，远离地（水）表面在高空飞行，只不过这时候它的经济性会变差。

这种比 B-52 轰炸机更大、比波音747 客机更重的飞行器共制造了 8 架，在1965 年至 1975 年间进行试飞中，有 2 架因天气恶劣而失事。此后，苏联还有一些较小的地效机翼飞行器投入使用，只是巡航动力装置改用了和我国的"抬"式布局

飞机方案一样的涡轮螺旋桨。

值得注意的是，美国借鉴苏联这方面的经验，发展各种军事用途的地效机翼飞行器。国外有的专家认为，在第二次世界大战前曾出现过的水上飞机的"黄金时代"将会在 21 世纪重现。美国波音公司正在研制的"鹈鹕"型地效飞机，翼展为 152 米，机长为 110 米。它的载重为 1270 吨，是安 -225 巨型运输机的 5倍、波音 747-400 型客机的 10 倍。它可以运载 3000 名全副武装的士兵或 17辆 M-1 型主战坦克。它在海面 6 米的高度上飞行时，航程为 18500 千米。与常

1938 年 11 月 5 日至 7 日，英国皇家空军的 3 架维克斯"韦尔斯利"型轰炸机，从埃及的伊斯梅利亚起飞，飞行 48 小时后，其中由霍根和库姆分别驾驶的两架，降落于澳大利亚的达尔文，创造了 7158.4 英里（11520.4 千米）的飞行距离纪录（有的资料上是 7157.7 英里，即 11518.88 千米）。30 年间，飞机绝对距离纪录提高了约 90 倍。

两次世界大战之间的航空"黄金时代"，飞行记录不断刷新。1927 年 5 月 20 日至 21 日，美国人林白驾驶一架"圣路易斯精神"号飞机，从纽约横跨大西洋，降落于巴黎，创造了 5810 公里的直线飞行距离纪录。苏联从 1931 年开始研制专门用于创造飞行距离纪录的安特—25RD 型飞机。长距离飞行的飞机，要求有较高的升阻比。为此，安—25 型飞机的机翼翼展长达 34 米，展弦比高达 13.1，而且采

规飞机相比，其燃油消耗率可节约 35%。在陆上飞行时，飞行高度可达 6000 米，航程为 12000 千米。

• 任重道远

飞机的飞行距离纪录是飞机性能中提高最快的一个指标。1908 年 12 月 31 日，由维尔伯·莱特在法国创造的飞机绝对飞行距离纪录是 124.7 千米。30 年后，

用了相对厚度为 19.2%—18.5% 的厚翼。安特—25 的最大起飞重量为 11.5 吨，空重只有 3.7 吨。结构轻就可以多装油料，它的燃油重量多达 5.88 吨。此外，这种飞机还装有一台燃油消耗率较低的 M—34 型发动机。1937 年 7 月 12 日至 14 日，一架安特—25 型飞机由格罗莫夫等 3 人驾驶，从莫斯科起飞，越过北极，降落在美国加州的圣哈辛托，创造了 6306 英里（10148 千米）的世界纪录。

目前，世界飞机绝对距离纪录的最高水平是 40212.14 千米。它是美国人迪克·鲁坦和珍娜·耶格尔于 1986 年 12 月 14 日至 23 日，驾驶一架全复合材料飞机"旅行者"号完成的。他们同时完成了中途不着陆、不空中加油的环球飞行。

飞机作为交通工具或运载工具，载重和航程是至关重要的技术指标。当今世界上最大的飞机是乌克兰的安—225 型运输机。它总重 600 吨，载重 250 吨，最大航程 15400 千米。航程是由飞机携带的燃油重量决定的。飞机的有效载荷和燃油重量统称为飞机的可变重量。既定的飞机要想增加载重就不得不缩短航程。如果能实现"空中加油"就可以有效地解决这一矛盾。英国的一家老牌幽默杂志《笨拙周报》在 1909 年 10 月一期刊登的漫画中，最早提出了"空中加油"的设想。

1918 年，第一次世界大战中，美国海军后备队军官戈弗雷·卡伯特建议飞机从舰船上向空中提取油料，为轰炸机补充燃油。这一建议因战争结束而未被重视。1921 年，由俄国逃往美国的海军军官亚历山大·塞维尔斯基首次注册有关"空中加油"的专利。塞维尔斯基后来设计了著名的 P—47"雷电"型战斗机的前身 P—35 型飞机。同一年（1921 年），一位飞行杂技演员韦斯利·梅背着 5 加仑汽油，在 1070 米空中，从一架林肯标准 J—1 型飞机爬上一架寇蒂斯 JN—4 型飞机，为其加油——尽管燃油大部分被螺旋桨滑流吹散空中，但这次勇敢的行为鼓励了空中加油的实施。

1923 年美国陆军航空勤务队的一架 DH—4B 型飞机利用空中加油技术，创造了续航时间 37 小时 15 分的纪录。1933 年，苏联首次使用 ТБ—1 型轰炸机为 P—5 型侦察机加油。1934 年，英国试验成功为轰炸机进行空中加油。第二次世界大战后美国研究成功伸缩管式加油设备。

1949 年 10 月，装有这种设备的 KB—29P 型加油机进行首次空中加油。第一种专门设计的空中加油机是美国波音公司在 20 世纪 50 年代中期生产的 KC—135 型四发喷气式飞机（波音 707 型客机的前身）。

1980 年 3 月 12 日至 14 日，美国空军的 2 架 B-52H 型轰炸机利用空中加油技术，在 42 小时 30 分时间内，创造了中途不着陆的最快环球飞行纪录。

1519 年至 1522 年，麦哲伦率船队完成环球航行，历时 3 年之久。与其相比，飞机作为交通工具的特殊意义不言而喻。

• 追求流线型

1909 年 5 月 20 日，法国飞行员保罗·蒂桑迪耶驾驶莱特型双翼机，飞行速度达到 54.77 千米 / 小时。这是国际航空联合会正式批准的第一个世界飞机绝对速度纪录。1939 年 4 月 26 日，德国飞行员弗里茨·文德尔机长驾驶梅塞施米特 Me.209 型飞机创造的世界飞机绝对速度纪录是 755.138 千米 / 小时。30 年的时间内，飞机的飞行速度纪录提高了将近 14 倍（年平均增长率约为 46%）。

B-52H 型轰炸机

对比上述两个时期内，飞机气动外形的差异，令人惊叹不已——双翼布局变为单翼布局；张臂式机翼取消了一切支柱和张线；起落架可以收放或加装了完善的整流罩；发动机的整流罩不仅降低了阻力，同时也改善了发动机的散热性能；翼、身连接处的整流带减少了干扰阻力；封闭式座舱代替了敞开式座舱；胶合板或全金属的飞机蒙皮有较小的摩擦阻力；更重要的是机身、机翼的切面形状高度流线型化。二维风洞中的吹风实验结果证明：有流线型切面的机翼的阻力比直径只有其最大厚度 1/10 的钢丝的阻力还要小 7%。

第一次和第二次世界大战之间，航空技术迅猛发展，史学家们称这一时期为航空的"黄金时代"。在摩托艇竞赛事故致残的法国富翁雅克·施奈德，在 1913 年发起了"施奈德杯"水上飞机竞速飞行。按照约定，三次获胜的国家可以永久赢得奖杯。1931 年 9 月 13 日，英国人摘走桂冠时，施奈德已去世 3 年，没能见到这一竞赛取得的成果。英国的设计师雷金纳德·J·米切尔设计的休帕马林 S.6B 型水上竞速飞机，在该次竞赛中，由 J.N. 布思曼驾驶，在绕圈飞行中，平均速度达到 547.29 千米 / 小时；由 G.H. 斯坦福思驾驶，在直线飞行中，速度达到 610 千米 / 小时，而得冠军。同年 9 月 26 日，斯坦福思又创造了 654.9 千米 / 小时的世界飞机绝对速度纪录。在整个"施奈德杯"竞赛活动中，共有 12 名飞行员为此捐躯（英国 3 名、

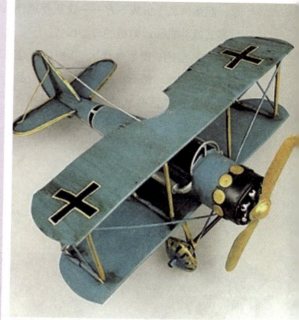

美国 2 名、意大利 7 名）。

米切尔还设计了第二次世界大战中著名的"喷火"型战斗机。"喷火"飞机继承了 S.6B 的外形特征——像海豚一样流线型的机身，配合诱导阻力较小的椭圆形机翼。模仿它的设计，成为了第二次世界大战中战斗机设计的时尚。

世界性的飞行竞赛集会，成为了对飞机和发动机设计进行严格检验的场合。它使飞机的外形变得非常洗练；它促进了钢管加层板蒙皮的飞机结构的发展；它也造就了像杜立特那样的传奇飞行员。1932年，杜立特驾驶"黄蜂"（吉比）"超级运动家"R-1 型竞速飞机，以平均 405.5 千米 / 小时的速度夺得汤普森奖杯。这种短粗的竞速飞机给人们留下深刻的印象。它安装有星形气冷式发动机，采用下单翼布

103

局，起落架装于机翼下方——这正是现代活塞式战斗机和运输机的典型模式。

在航空的"黄金时代"，飞机的速度纪录日新月异。然而，在第二次世界大战末期，先进的活塞式战斗机的飞行速度停留在大约 700 千米 / 小时的水平上，很难再有提高。

• 把声音抛在后面

美国北美公司研制的 P-51"野马"型战斗机，在第二次世界大战中被称为外形最洗练的飞机，而且采用了当时最先进的层流翼型。风洞试验发现，当它的飞行速度超过 M0.66 时，其阻力系数急剧增加，M0.79 时的阻力系数已增加到 M0.66 时的 4 倍。此时，飞机螺旋桨的合成速度早已达到音速，产生了激波阻力，无法提供更大的拉力。活塞式发动机配合螺旋桨的动力装置在提高飞机速度方面已无能为力。

飞机螺旋桨

　　1937 年 4 月 12 日，英国人弗兰克·惠特尔发明的涡轮喷气式发动机诞生。1939 年 8 月 27 日，德国装有喷气式发动机的 He.178 型研究机首次试飞。新的航空动力装置为提高飞机的飞行速度开辟了广阔的前景。

　　从第二次世界大战末期开始，试飞员们试图使飞机的速度达到音速时遇到了很大的困难，许多人为此丧生。1946

年 9 月 27 日，英国著名飞机设计师杰弗里·德·哈维兰的大儿子，小杰弗里驾驶 D.H.108 型无尾喷气式飞机，试图在俯冲中达到音速时，飞机解体，坠入海中。

　　当飞机接近音速飞行时，空气被压缩，密度增加，给飞行带来巨大的阻力和造成操纵反常——如因飞机焦点后移而造成的自动俯冲。20 世纪 30 年代末，英国的气动学家 W.F. 希尔顿曾悲观地宣布："（音速）

像一座屏障挡住了前进的方向。"

喷气推进装置和超音速空气动力学的发展，冲破了音速的"屏障"。1947 年 10 月 14 日，美国的耶格尔上尉驾驶 X–1 型研究机，首次完成了超音速飞行。在 12800 米高空，飞行速度达到 1078 千米 / 小时，相当于 M1.015。7 年后，1954 年 8 月 3 日，法国的"大鹰"型战斗机在平飞中超过音速，实现了欧洲人突破"音障"的愿望。20 世纪 50 年代初到 60 年代中期，各国研制的超音速战斗机相继出现，如美国的 F–104、苏联的米格—21、英国的"闪电"和法国的"幻影"系列等。它们大多采用后掠机翼（箭形翼）或三角翼，马赫数可达到 M2.0—2.5。60 年代末，英、法研制成功"协和"式超音速客机（最大速度 M2.2）；苏联研制了图—144 型超音速客机（最大速度 M2.35）。

迄今，绝大多数喷气式战斗机是依靠发动机的加力工作状态实现平飞超音速飞

行的。喷气发动机的加力方法很多，如增加主燃烧室的供油量；向压气机进口或燃烧室喷射容易汽化的液体；涡轮风扇发动机使用外涵管道燃烧室中喷油等方法。其中效果最好，用得最普遍的是复燃加力方法——让燃烧室排出的已燃气体进入涡轮后面的加力燃烧室，再次喷油进行补燃。这样做可以增加推力约41%，但燃油消耗增大一倍以上，只能短时间使用。

不依靠加力工作状态，而能较持久地进行超音速飞行的飞机，目前只有美国的SR-71型侦察机和F-22型战斗机以及英、法联合研制的"协和"超音速客机。然而，新一代战斗机都将具有超音速巡航的能力。

• 飞得更慢

超音速飞行的愿望既已实现，人们又发现像鸟一样悠然地翱翔，才更值得羡慕。但是，高速飞行的飞机要想慢下来也不容易，一个简单的公式就可以说明其中的道理。飞机平飞时，它的重力（G）等于机翼的升力（Y），即 $G=Y=C_Y \frac{1}{2}\rho V^2 S$，其中 C_Y 为升力系数、ρ 为空气密度、V 为飞行速度、S 为机翼面积。重量一定、发动机推力一定的飞机，要想飞得慢，就得增加机翼面积才能维持平飞。而机翼面积增大后，阻力随之增大，飞机也就无法适应高速飞行。既定的飞机，它的速度只能在随迎角变化的 C_Y 的允许范围内变化。

高速飞机的起飞、着陆速度也相应地增大，因而使起、降滑跑距离增长。20世纪50年代，为了摆脱机场跑道的限制，曾出现过研制垂直或短距起降飞机的热潮。各种奇思妙想的方案被试验过了，最早获得成功的是1966年8月首次试飞的英国霍克·西德利研制的"鹞"垂直起降攻击机。它的原理是，利用喷气发动机可以转动的喷管，改变推力的方向，在起降过程中代替机翼提供升力。

1989年3月19日，美国研制的V-22"鱼鹰"型垂直起降飞机首飞成功。它的原理是，在机翼两端各装一具可以偏转的大直径螺旋桨——当螺旋桨盘面转向前方时，可以拉着飞机前进；当盘面向上时，可以像直升机的旋翼一样拉着飞机上升。

1975 年，苏联雅克福列夫设计局开始研制可以作超音速飞行（M1.7）的垂直起降战斗机雅克 –141。该型飞机的前机身内装有 2 台升力发动机，后机身内装有一台尾喷管可以转向下方的巡航推力发动机。垂直起降时，依靠前方升力发动机产生的升力和推力发动机尾喷管下偏产生的推力矢量来平衡飞机的重力。美国洛克西德·马丁公司正在研制的 F–35 联合打击战斗机（JSF）吸取了雅克 –141 的成功经验，可

能发展成为新一代的短距起飞或垂直降落的超音速飞机。

解决飞机高低速飞行之间矛盾的一项折中措施是采用可变后掠翼技术。通过结构设计，保证飞机的机翼后掠角是可以改变的：当高速飞行时，机翼向后偏转，变成大后掠角、小展弦比机翼，有利于减小激波阻力；当低速飞行时，机翼伸张，变成比较平直的大展弦比机翼，有利于提高升力系数和升阻比。

可变后掠翼技术虽然增加了结构重量，但切实可行，在战斗机中和轰炸机中不乏成功的范例。俄罗斯在1988年投入使用的图-160"海盗旗"型轰炸机是目前世界上外部尺寸最大的可变后掠翼轰炸机。它的翼展（伸张时）为55.7米，机长54米，最大飞行速度M1.88。

可以预料，各种可变几何外形和机翼剖面形状的飞机设计不久将成为现实。

20世纪60年代末到70年代末出现的高机动性战斗机，广泛地利用涡升力（如边条翼和鸭翼的有利干扰），使飞机的失速迎角和可用升力系数成倍地增加，飞机的低速特性大大地改善。这一代飞机，如美国的F—16、F/A—18和俄罗斯的米格—29、苏—27等。它们与同吨位的老一代战斗机相比，爬升率提高约一倍；盘旋半径缩小约一半；盘旋角速度增加2—3倍；起降滑跑距离缩短约一半。这种先进的飞机气动外形，配合电传操纵系统再加上大推重比的动力装置或采用推力矢量控制技术，赋予飞机极出色的机动能力。1989年6月，在第38届巴黎国际航空航天博览会上，俄罗斯飞行员维克托·普加乔夫驾驶苏—27型战斗机所做的"普加乔夫眼镜蛇"机动动作，充分显示了现代飞机的超机动特性。飞机在超过110—120度迎角时，居然没有失速，而且还可以操纵恢复正常飞行状态。

不过，这时人们还没有意识到：100年前，人们以鸟为师，发明了飞机，而今却又悄悄地学习昆虫的飞行技艺。地球上的昆虫比鸟类有更久远的飞行历史。它们靠高频率（每秒几十次至上百次）地振动翅翼，激发涡升力，来完成各种难以想象的飞行杂技。

当人们深入探索低速飞行的奥秘时，已经闯入了昆虫生活的低雷诺数王国。事实上，许多国家（包括我国）都正在研制形形色色的机械昆虫。一旦人们掌握了主动控制脱体涡流的技术，人们就可以开辟崭新的飞行领域。

飞机乘坐常识

旅行须知 >

（1）防晕机。晕机呕吐是平衡器官紊乱，身体适应较差的缘故，一般只要保持镇静，排除杂念，服些防晕车船药就会平安无事。如果知道自己可能会晕机，最好在登机前15分钟服药。

（2）防旧病突发：飞机起飞、降落、上升、下降、转弯、颠簸等飞行姿态的变化，以及飞机在穿越云层时光线明暗的快速变化，会刺激一些疾病发作。由血栓或出血引起的脑病患者，绝对不要乘飞机；重度脑震荡病人应有专科医生随行并采取有效防范措施；轻度脑震荡病人应随身带些止痛药；患有血管硬化症的老年人在登机前可服少量镇静剂，感冒流涕和鼻塞不通的病人最好不乘坐飞机，因为咽鼓管阻塞有鼓膜穿孔的危险。

（3）防航空性中耳炎的有效措施是张嘴和吞咽。张着嘴或一个劲地吞口水，当然也能起预防作用，但毕竟欠雅观。所以航班上一般都忘不了给每位旅客送一小包包装精美的糖果，这道理就在其中。嚼几粒糖果，或嚼几块口香糖使咽鼓管常开。嚼吃是预防航空性中耳炎的最有效办法，也是最令人轻松愉快的措施。若感觉症状仍未消除，可用拇指和食指捏住鼻子，闭紧嘴巴，用力呼气，让气流冲开咽鼓管进入中耳空气腔而消除耳闷、耳重、耳痛、耳朵难受等症状。

FEIXINGDEMENGXIANG

飞行的哪一部分最具风险 >

起飞和爬升到巡航高度,下降和着陆是飞行中最容易出问题的两个阶段。用极简单化的说法,起飞时在发动机推力和结构整体性方面对飞机的要求最高,而接近和着陆则对驾驶舱的机组人员要求最高。约有四分之三的严重事故都是在这两个短暂的飞行阶段中发生的。

飞机上座位何处最安全 >

有人以为靠近机翼的座位或客舱后部的座位更安全,但没有任何证据能证明机上的任何一部分比别的部分更安全,最好还是听取每个航班起飞前的安全常识介绍以及飞行中所有的乘务报告。

有没有办法使航空更安全些 〉

在过去15到20年里，由于有了计算机化的飞行模拟器和雷达覆盖面的扩大，以及高技术设备在附近空域有飞机时、距地面太近时、飞机高度或飞行角度不稳定时或遇到风力发生变化时向飞行员发出警告，飞行的安全性提高了一大步。航空工业界正通过更好的飞行员培训、更好的飞机检验和维护技术以及新的安全技术等途径继续提高航空安全性。比如所有的民航喷气机使用卫星导航和通讯，随时把他们的位置告诉地面的空中交管人员，这比依靠地面导航设备和雷达导航要前进一大步，后者在飞机飞过地平线后就再也"看不见"飞机了。

● 未来航空发展

人类航空技术未来展望 〉

步入21世纪,飞翼、无人驾驶作战飞机、昆虫翼飞行器、马格努斯效应飞行器、环翼飞机、高超音速客机、飞碟等的研制向人们展示了未来飞机的发展端倪。

航空科学技术是现代高新科学技术的综合产物，几乎一切学科门类，如力学、热力学、材料学、电子技术、自动控制、喷气推进、计算机、半导体技术、制造工艺学，甚至天文、气象、医学等都对航空科学的发展进步起到关键性的推动作用。科学技术的最新成就，通过在航空应用中的渗透和发展又派生出一些新学科，使航空科学技术更加配套和完整，并扫除了发展中的层层障碍。从当今航空科学技术发展，我们可以对航空科学技术以及民用和军用航空器的发展进行一下大致的展望。

在航空科学技术领域，人类将进一步研发航空发动机动力。面向21世纪的新型发动机主要有：超燃冲压发动机，它

超燃冲压发动机

是靠高速迎面气流的冲压作用压缩空气的空气喷气发动机。组合循环发动机，它是由两种或两种以上不同类型的热力循环发动机组合成的一类发动机。高超音速发动机，它是能够产生高超音速飞行的发动机，主要有涡轮涵道发动机、外涵燃烧风扇发动机和超声速通流风扇发动机等。脉冲爆震发动机是一种利用脉冲式爆震波产生推力的新概念发动机。多

组合循环发动机

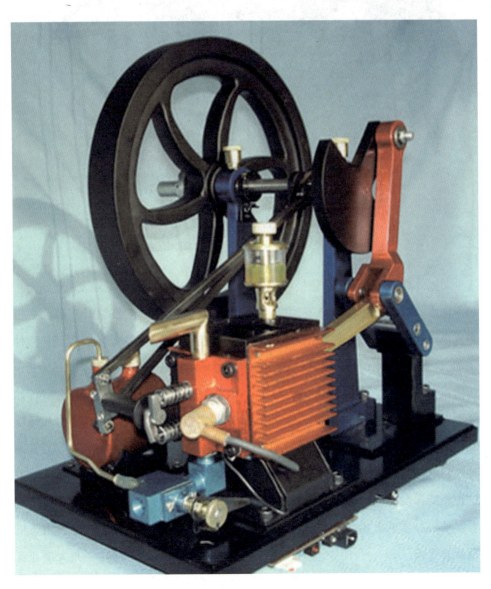

燃气涡轮发动机

（全）电发动机是一种采用非接触式磁悬浮轴承、内装式整体启动或发动机、分布式电子控制系统三大技术的新型航空发动机。超微型燃气涡轮发动机，它是基于微机电系统，由多层硅片叠堆而成。新能源航空发动机，它可以分两种，一种是利用高能燃料替代传统航空煤油，另一种是利用电能、核能和太阳能等新能源。这种新能源发动机的研究受到青睐。随着发动机技术的进步，将使飞机性能出现新的突破。

空气动力学的研究对飞机气动力布局的变革起到决定性的作用，因此必将得到进一步完善。层流、湍流是流体两种截然不同的流动状态，关系到飞机阻力，其研究也将得到不断进展。其他领域，如风洞实验技术、飞行器结构力学和强度理论以及系统工程方法和航空项目管理等领域日益受到重视，其发展也必将进一步提高。

在民用航空器方面，今后民用飞机的发展将面向三个方向：一是大型亚音速运输机。估计到2020年航空运输主要靠亚音速客机。二是先进超音速客机。虽然"协和"超音速客机已退出历史的舞台，但并不能说明超音速客机的发展就没有前途了，随着航空技术的发展和人类对航空运输的需求不断增加，超音速运输飞机还将受到重视。三是偏转旋翼式垂直起降支线客机。为解决中心机场的拥挤问题，需要垂直起降飞机实施疏散客流，并进行市区对市区的运输。因此，需要利用可偏转旋翼的支线客机完成这一使命。

在军用航空器方面，未来的作战飞机将进一步向信息化、综合化、一体化和智能化的方向发展。作战飞机以信息技术为基础，通过数据链与战场上的C4ISR系统以及有关装备组合成一体。作战飞机将提高突防能力和战斗生存能力，装备高性能的发动机，提高飞机的高低空性能和短距垂直起降能力，提高电子对抗环境下的作战能力。歼击机将具有非常规机动、高敏捷性和超音速巡航能

力。战略轰炸机将具有更强的突防能力。战略侦察机将装有高性能的光电侦察设备。直升机将装用新型旋翼。无人机的地位和作用将进一步提高，数量也将增加。

安全性日益受重视 未来民用飞机要装反导系统 〉

自伊拉克和肯尼亚发生飞机遭袭事故以来,民用客机的安全性越来越受到人们关注。美国一家军备巨头曾声称,他们生产出的最新反导系统将能保护客机免遭"恐怖分子手中任何导弹"的袭击。

在第8届迪拜空中设备展上,美国诺思罗普—格鲁曼公司负责该反导弹系统的主管拉里·奥尼尔对法新社记者说,他们研制出的"复仇女神定位红外线反导弹"系统,能运用激光光束对抗以商用飞机为目标的肩扛式地对空导弹。该系统重仅为158千克,可以轻松加载于任何型号飞机的机身底部或机

民用客机

尾。他说，安装"复仇女神"后，民用客机可以"放心大胆地在巴格达上空低空飞行"。

虽然该系统售价高达100万美元，但与整架飞机的造价相比，还不及后者的百分之一。目前，该系统已经在英国、澳大利亚和美国的军用飞机以及一些国家领导人和企业高层的专机上安装使用。

图书在版编目（CIP）数据

飞行的梦想 / 孙炎辉编著. -- 北京：现代出版社，
2016.7
ISBN 978-7-5143-5217-7

Ⅰ.①飞… Ⅱ.①孙… Ⅲ.①飞机—普及读物 Ⅳ.
①V271-49

中国版本图书馆CIP数据核字（2016）第160838号

飞行的梦想

作　　者：孙炎辉
责任编辑：王敬一
出版发行：现代出版社
通讯地址：北京市定安门外安华里504号
邮政编码：100011
电　　话：010-64267325　64245264（传真）
网　　址：www.1980xd.com
电子邮箱：xiandai@cnpitc.com.cn
印　　刷：汇昌印刷（天津）有限公司
开　　本：700mm×1000mm　1/16
印　　张：8
印　　次：2016年7月第1版　2022年4月第3次印刷
书　　号：ISBN 978-7-5143-5217-7
定　　价：29.80元